くるまの音

公益社団法人
日本騒音制御工学会
［編］

瀧口士郎
［著］

技報堂出版

発刊にあたって

公益社団法人日本騒音制御工学会 図書出版部会では、これまで主に騒音や振動を専門とする方々に向けた書籍の編集・出版を行ってきました。しかしながら、もっと多くの人々に音や騒音、振動について興味を持っていただきたい、そしてそれが社会の音環境をよくすることにつながるはずと考え、このたび、
「Dr. Ｎｏｉｓｅの『読む』音の本」
という新たなシリーズを刊行することとなりました。

音にはさまざまな側面があります。騒音として多くの場合人から嫌われるものもあれば、私たちの生活になくてはならない音もあります。同じ音が、ある時は騒音でも、ある時ある人にとってはとても大切な音になることもあります。

そんな音のことを、このシリーズではいろいろな視点から眺め、解説していきます。時にはマニアックな話も出てきますが、興味や関心を拡げる気持ちで読んでみていただきたいと思います。

今回企画しているシリーズでは、音や振動の基礎についてわかりやすく解説する

ものを皮切りに、これまであまり一般書として採り上げられなかった内容や、音という視点からの解説がなされてこなかった分野を集め、なるべく具体的にわかりやすく紹介していきます。特に専門的な分野については、内容は同じでも書き方を変えるだけで多くの方々に興味を持っていただけることがたくさんあるのではないかという想いを持ち、誰にでも手に取っていただきやすい本を目指して執筆・編集しています。また専門家として考えると当たり前の事柄も、専門ではない人たちから見るとてもおもしろい出来事が世の中にはたくさんあるのではないか、という視点も大切にしていきたいと思います。

このため、時には縦書きの読み物風のものになるかもしれませんし、ある時は横書きの多少数式なども出てくる本になるかもしれません。わかりにくいところや少し専門的になるところはDr.Ｎｏｉｓｅが解説します。こぼれ話のようなものは二人の助手が解説します。

このシリーズが、皆様にとって音や振動の世界への入口になることを願っています。

二〇一四年　晩秋

公益社団法人日本騒音制御工学会　図書出版部会
第19期部会長　船場ひさお

公益社団法人日本騒音制御工学会図書出版部会名簿（第21期）

『くるまの音』著者
瀧口　士郎　元 株式会社本田技術研究所

もくじ

7 車の音いろいろ 79

人々の暮らしの中で、自動車は通勤やビジネスからアフターファイブまで、日常生活の良きパートナーであり、週末にはショッピングやドライブ、休日には旅行を便利で楽しくしてくれる、人生のパートナーといっても過言ではないでしょう。このパートナーとの思い出のシーンを演出するBGM、それがくるまの音です。

現代社会において、自動車の音は厄介者でもありますが、人の感性を揺さぶる文化的側面ももち合せており、たとえば車好きの人は、エンジン音、吸気音、排気音などに愛着を感じ、中にはドアの閉まる音にこだわる人もいるのです。またスポーツカーやモータースポーツへの憧れにも、音が一役買っています。

車はブゥーッと走り出し、プップーとクラクションを鳴らし、キッキーと曲がって、ガタゴト揺られ、キーッとブレーキをかけて、ガクンと止まります。

自動車の音を表す擬音語はさまざまですが、最近の自動車はたいへんよくできていて、これらの言葉は死語になりつつあり、唯一不滅と思われていた「ブゥーッ」という音も、EV（Electric Vehicle 電気自動車）化で大きく変わろうとしているのです。

さて、どのように変ってゆくのでしょうか？　Dr. Noise、助手の静さん、騒太くんと一緒に考えていきましょう。

はじめに

自動車の部品点数は約三万点といわれていますが、あらゆるメカが搭載されており、その発生音は多岐に渡るため、一台の自動車には多種多様な騒音制御技術が凝縮されています。

この本では自動車のどの部分から、どのような音が、どのようにして発生し、どのように対策して、静かで快適な魅力的製品になるのかを、エピソードを交えながらわかりやすく解説します。

冒頭では自動車はどのようにして開発され、その中で音はどう扱われているのかを紹介します。開発目標とする音とは、どのような音でしょうか。気もちのよい音とはどのような音でしょうか。

次に音の物理現象について、基礎知識の紹介から自動車の音の発生メカニズムまで説明してゆきます。ここまでは学校で習った簡単な物理の復習です。

ここからが本題となりますが、音の計測や解析方法、実際の設備やテストコースなどを紹介し、自動車の音振動制御技術および発生事象であるエンジン音、ロードノイズ、ウインドノイズなど、その部位ごとに詳しく解説してゆきます。

後半は自動車騒音規制について、計測方法や規制値、音源寄与率の解析や対策手法などについて解説します。どのようにして規制値が決められるのか、は一読の価値あり。

最終章では車文化についての持論を基に、自動車が発するノイズではなく、自動車が奏でるサウンドについて、モータースポーツの世界を通して紹介します。心に響く究極のサウンドとは？最後は自動車の将来動向について解説し、締めくくりたいと思います。

一八〜一九世紀の産業革命を皮切りに、人の暮らしは大きく変り、二〇世紀になって自動車が出現し、暮らしはどんどん豊かになってゆきました。結果、そのつけが公害となり、今世紀人類最大の課題は、地球温暖化です。そんな中、一九世紀にダイムラーが発明したガソリンエンジンの自動車は、二〇世紀初期にフォードにより量産され、今日に至る歴史の中で、大きく変わろうとしています。

この地球温暖化を食い止めるには、化石燃料で走る自動車社会の改革は不可欠となり、今まさに地球規模の技術革新が、日本を中心に行われようとしています。

自動車の公害は、このCO_2や排ガスだけではありません。安全や騒音やリサイクルも公害として、人の暮らしの負の領域を担っています。

安全は自動運転が救世主となるのか、騒音はＥＶ化によりどのように変ってゆくのか。

くるまの音の今を理解して、明日のくるまの音について考えてみたいと思います。

1 車創りと音創り

自動車の音

自動車が発する音は車の種類や運転状況や周囲の環境などにより大きく変化します。また乗員の聞いている車内音と歩行者の聞いている車外音、さらには車が近付く音と遠ざかる音では、同じ車から出ている音でも違って聞こえます。乗用車では、どのような音がどのように発生しているのでしょうか。

自動車の音には発生音源別に、動力源であるエンジンノイズ（エンジン音）、路面からのロードノイズ、風によるウインドノイズの三大音源が存在し、さらに吸気音、排気音、ギヤ音など何種類もの音が交じり合い、一台の自動車の音となって発生しています。

■運転状況による音の変化

走行速度の上昇に伴い、自動車の各要素の運動エネルギーは増加し、発生音も大きくなります。エンジン音はエンジン回転数にリンクして変化し、回転上昇に伴い音圧も上昇しますが、上り坂や加速走行では仕事量が増加し、エンジン音や吸・排気音が増大します。

一方ロードノイズやウインドノイズは、走行速度に比例して音圧は上昇します。しかしロードノイズは路面性状の影響が大きく、荒れた路面では大きな音が発生し、またウインドノイズは、天候が強風時には悪化します。このように自動車の音は、さまざまな音源が運転状況とともに変化して発生するため、低周波から高周波まで幅広い周波数帯の音となります。

■車内音と車外音

車内と車外では、音源からの伝達経路や音場空間の条件が異なることはいうまでもありませんが、車内音は乗員とともに音源は移動し、車外音は音源だけが移動するため、音の聞こえ方もまったく異なります。車外音については、乗員よりはむしろ第三者が対象となるため、環境騒音として取り扱うことが一般的です。

自動車のようにさまざまな音源が一台の車から同時多発する場合、どの音源がどれだけの割合で発生しているかを表すために、音源寄与率という考え方があります。

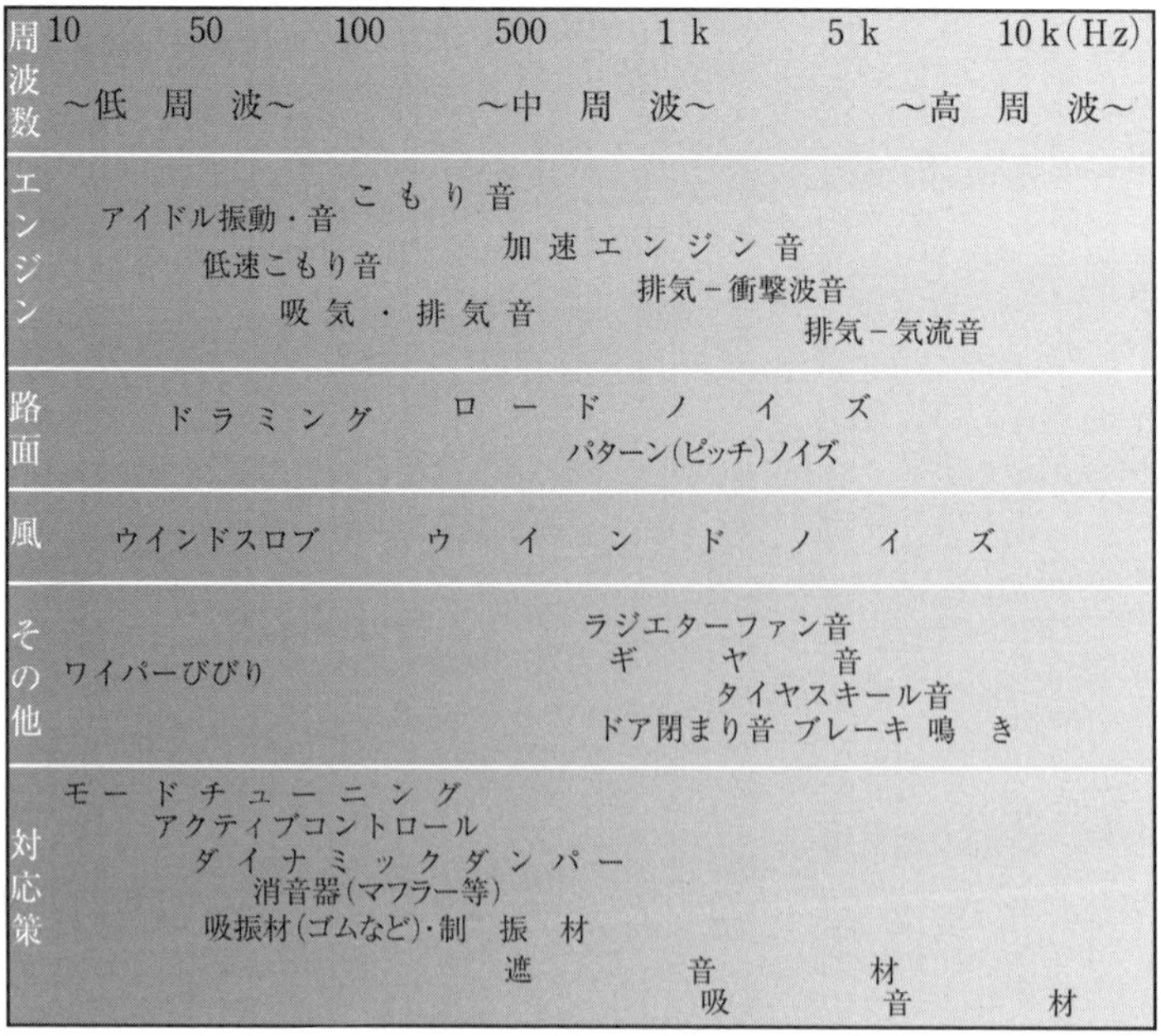

周波数	10　50　100　500　1 k　5 k　10 k(Hz) ～低周波～　～中周波～　～高周波～
エンジン	アイドル振動・音　こもり音　加速エンジン音　低速こもり音　排気－衝撃波音　吸気・排気音　排気－気流音
路面	ドラミング　ロードノイズ　パターン(ピッチ)ノイズ
風	ウインドスロブ　ウインドノイズ
その他	ワイパーびびり　ラジエターファン音　ギヤ音　タイヤスキール音　ドア閉まり音　ブレーキ鳴き
対応策	モードチューニング　アクティブコントロール　ダイナミックダンパー　消音器(マフラー等)　吸振材(ゴムなど)・制振材　遮音材　吸音材

自動車の音と周波数帯

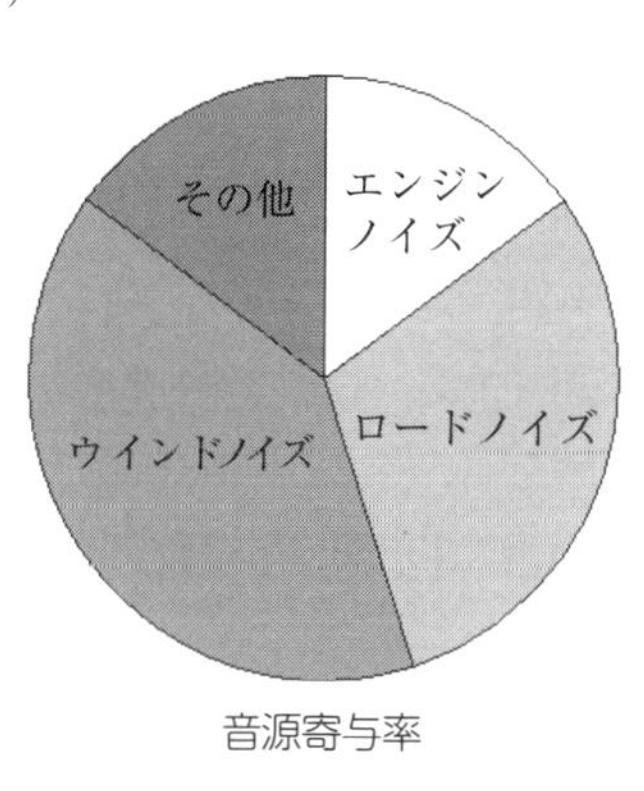

音源寄与率

たとえば、車内においては長距離ドライブの快適性を確保するため、高速道路の一〇〇km／hでのクルーズを想定した、音源寄与率のバランスが重要となります。人の耳は周波数や音色を聞き分けるため、ある音源の寄与率が大きくなると、音圧が高くならなくても気になってしまうのです。

一方、車外においては自動車の位置に対して、聞く人の位置がポイントになりますが、車が近づいてくるときは車の前方の音が聞こえ、遠ざかるときは車の後方の音が聞こえます。前方はエンジン音、後方は排気音がその聞こえる音の主成分となります。このようにある方向に音が伝わることを、音の指向性といいます。さらに、近づく音と遠ざかる音の違いとして、一般の車ではわかりづらいのですが、救急車が警報を鳴らして走っているの

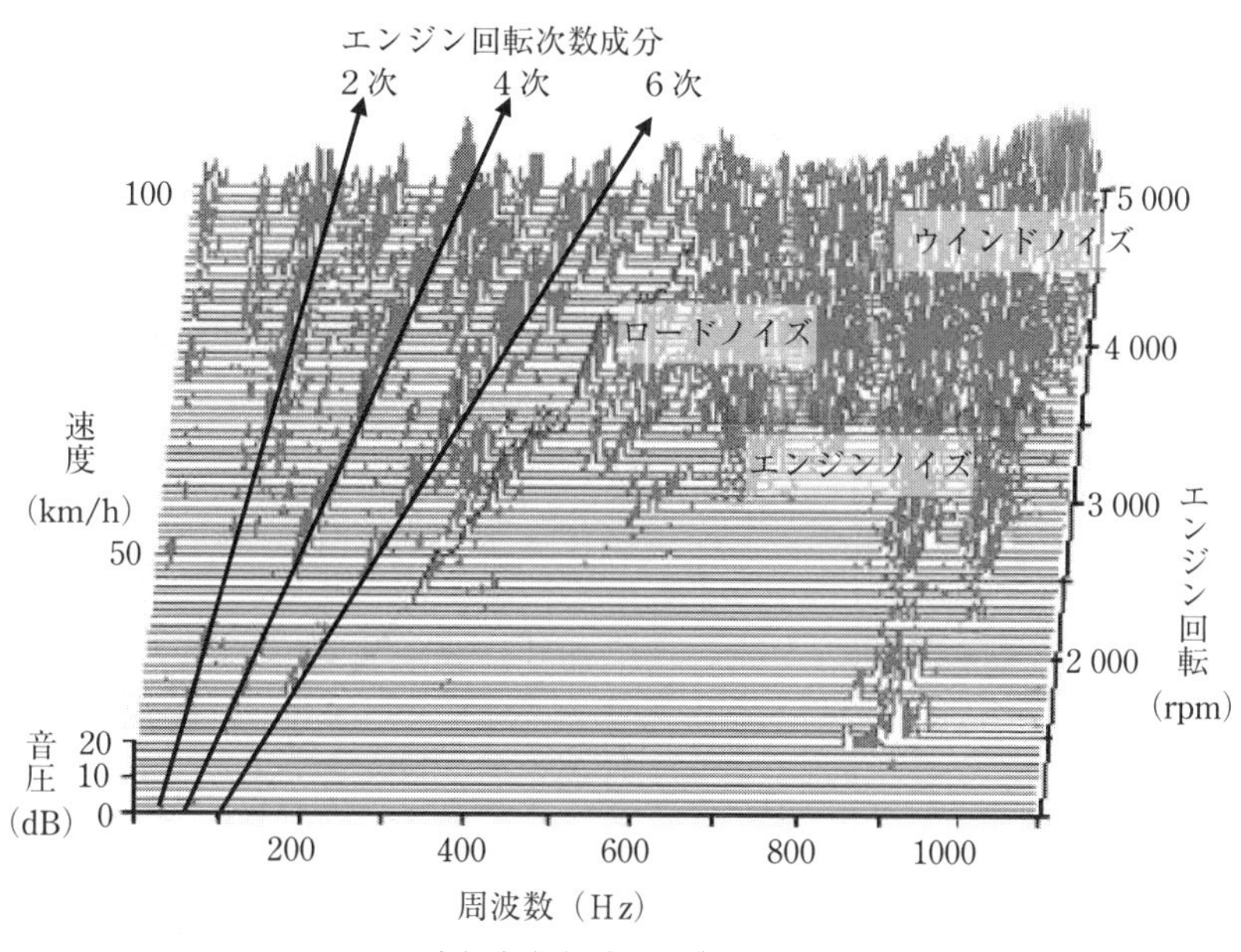

走行室内音（3Dデーター）

を聞くと、警報音の高いトーンが、通過すると急に低くなるのがわかります。これは音の速度に対して、救急車の車速の分だけ、近づく時は警報音の波長が短くなるのでその分、周波数が高くなり、遠ざかる時は逆に波長が長くなるのでその分、周波数が低くなるためです。この現象を*ドップラー効果といいます。

前述したように、車外音は環境騒音として取り扱うわけですが、国際規格で定められた計測方法に従って測定し、基準値に対する適合性を確認します。自動車を販売する際には、各国ごとに定められた自動車騒音規制に対する認可が必要となり、日本では、国土交通省による道路運送車両の保安基準第三〇条（騒音防止装置）において、型式認定の取得を行います。この規制値に適合させるには、車外音においても音源別の寄与率が重要となり、車内音の解析と同様に、寄与率の高い音源の低減と対策を行ってゆきます（「8車騒音の掟・音源寄与率参照」）。

*ドップラー効果は波動現象として、電波や光でも作用するのよ。この効果を利用して、電波で物体の速度を計測するのがスピードガンね。測定する物体に向けて電波を照射し、物体による反射波を測定すると、物体が運動している時はドップラー効果によって反射波の周波数が変化するでしょ?これと発射波の周波数を比較することで、運動の速さを算出できるの。制限速度は守ってね!

開発プロジェクト

製造業の商いにいえることは「どのような商品を　いつどこに出せば　売れるのか」に尽きますが、自動車でいうと「格好よく性能の良い車を　早く開発し　安くたくさん生産し　上手に数多く売って　如何に儲けるか」ということになります。そこでこのシナリオを書き上げるのが経営陣であり、そのシナリオを遂行するのが開発、生産、営業の各部門なのです。企業経営の基本は収益確保ですが、自動車の場合は価格と生産販売台数が売上高となり、厳しい競争市場の中では価格と台数は当然反比例の関係となるため、なおさらのこと原価（車両コスト）を抑え収益を上げる必要があります。そのため自動車開発における絶対に守らなければならない三種の神器が、コスト／ウエイト／スケジュール、この三つです。完成車重量は重量税などの課税にかかわるだけでなく、燃費や走行性能などの基本性能に大きく影響し、また開発スケジュールはライバルとの競争力そのものであり、営業販売に直結するため最短が求められます。つまり自動車開発は、性能開発をコスト／ウエイト／スケジュールの三次元で展開する仕事であり、いい換えれば、限られたコスト／ウエイト／スケジュールの中でどれだけの性能が出せるか、魅力ある商品ができるかなのです。

　ここでは、車がどのように開発されるかを簡単に説明しましょう。まずは経営陣が描いたシナリオを基に、プロジェクトチームが発足し、開発がスタートするのですが、チームメンバーには開発、生産、営業の各部門から、個性豊かな精鋭が選出されます。開発部門でいうと、各専門部門（デザイン、エンジン、ミッション、*シャシー、車体、電気、内装・・・）の代表としてチームメンバーとなり、プロジェクト専用ルームでは日夜会議に没頭し、開発終了まで、いわゆる同じ釜の飯を食う仲になるのです。

　開発フローとしてコンセプト検討から始まり、企画、先行開発、本開発、試作、

*タイヤ／ブレーキなどの足廻り装置

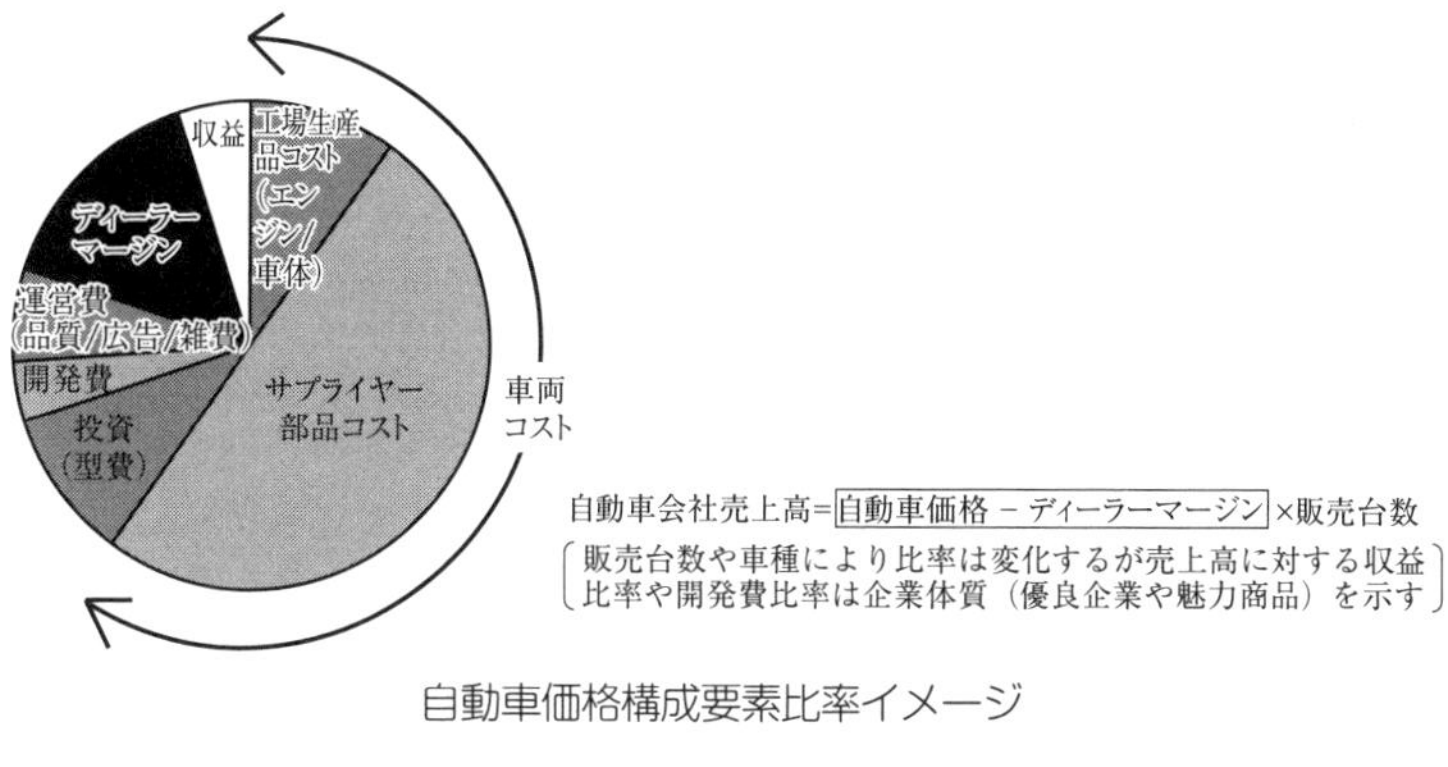

自動車価格構成要素比率イメージ

先行量産、量産と続き、車種によっても異なりますが、新機種開発の場合、開発開始から販売まで、およそ二～三年が費やされます。この開発プロセスに沿って、評価会なるものが設定されており、この評価会はいわば関所のようなもので、開発プロセスの節目ごと三つのにセッション（技術評価／商品評価／生産販売評価）が続けて開催されるのです。

最初は技術評価会ですが、自動車は約三万個の部品によって数百種類のシステムが構成されている機械の固まりです。ひとことでいうと、これらすべての技術検証ということになりますが、部品から完成車に至る、性能、品質、耐久性などを検証する場になります。そのため車一台分全技術の確からしさを証明するには、膨大なデータに基づく報告書が必要となり、数百ページに束ねられた資料が数冊、重ねると分厚い電話帳ほどにもなりますが、それを評価会出席者に配布するため、数百部を大急ぎで印刷するのに、社内には印刷所まで併設されているのです。しかし技術や商品を検証するには資料提示だけでは許されません。ものづくりのポリシーである三現主義（現場／現物／現実）に基づき、カラー見本に始まり、デザインモデル、インテリアモデル、部品、システム、試作車（価格換算すると数億円）までを、現行モデルや競合車との比較で、すべて現物を提示するため、評価会場はモーターショーのブースさながらです。

商品評価会は、技術開発での課題と商品競争力について評価します。生産販売評価会は、生産拠点における課題や品質、また現地での販売見通しや収益などを評価

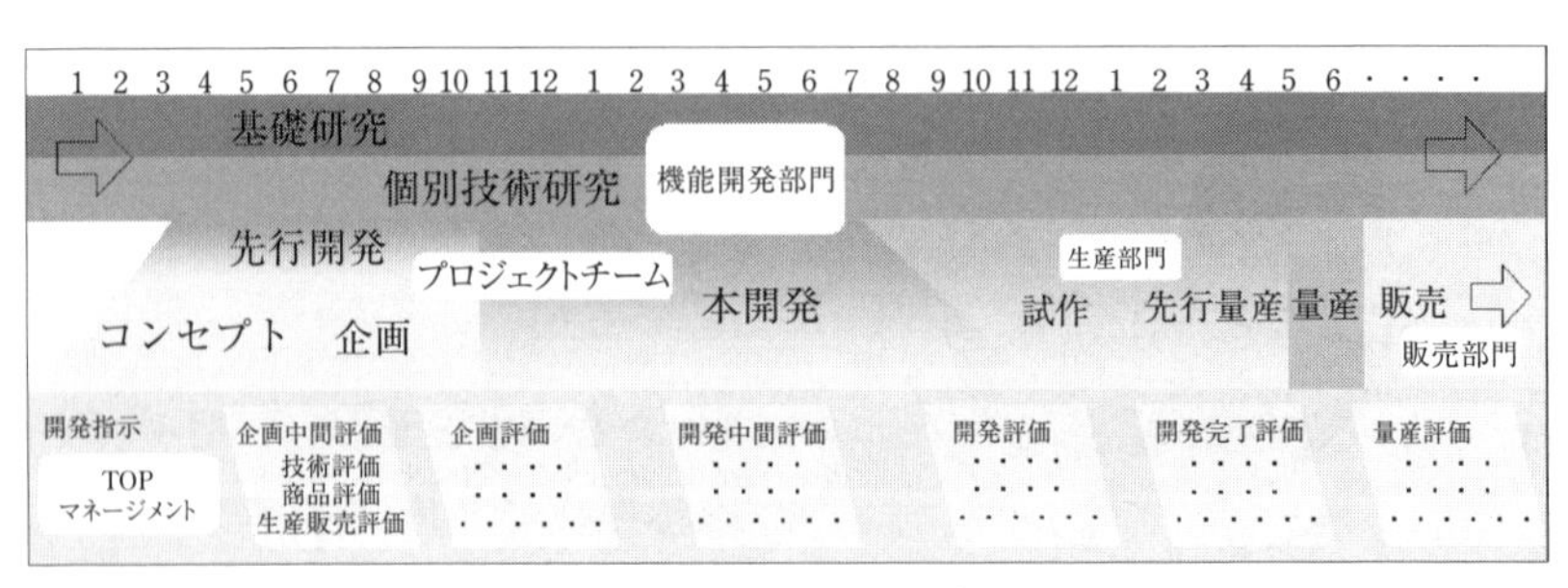

開発フローイメージ

します。

技術評価会と商品評価会は開発本拠地で開催されますが、生産販売評価会は生産販売現地で開催されるため、技術評価会と商品評価会が承認されると直ぐに、試作車をカモフラージュし木箱に納め、トラックで成田の税関にもち込み、現地へフライト輸送します。一般的にこの作業は週末行われますが、チームメンバーも同様に現地に飛び、現地で試作車を受け取り、寝不足や時差と戦いながら、週明けには現地評価会を実施しなければなりません。

何れの評価会においても、そのプロセスの開発目標未達成の場合は、当然再報告、再評価となり、承認されるまで続きます。一度決った開発スケジュールは、絶対に変更できません。チームメンバーにとって再評価の意味するところは、休日出勤ということになり、難しい機種開発になると、年間の休みをすべてこの再評価につぎ込んでしまうようです。この一連の関所では、プロジェクトリーダーにとっては命がけの真剣勝負となります。自動車業界はまさに、戦国時代さながらの修羅場なのです。とはいえシミュレーションなど技術進化は日進月歩、開発期間も大幅短縮、資料もペーパーレス、試作（車）も試作レス、はたまた「働き方改革」などなど、今現在はこの限りではありません。

コンセプト検討では、必ず仕向け地（北米、欧州、中国、日本など）での人気競合車種を数種類購入し、現行モデルと静的性能、動的性能、コスト（売価）、ウエイトなどの徹底した彼我比較を実施します。たとえば、全世界販売の上級車を開発する場合は、世界の主要都市で一番売れている最新型の競合車を現地で購入し、それぞれを日本に輸入します。これらの競合車と現行モデルを乗り比べ、見比べ、各性能データを計測して、最終的にはバラバラに分解し、部品単位で重量を測定して展示し、さらに、その部品を各技術分野のエキスパートが、部品単体性能を解析し材料や構造を分析して、システムや部品単位の性能比較を行い、骨までしゃぶりつくしてゆくのです。

企画の最終段階では車の基本仕様が決定され、諸元性能はもちろんのこと車体構成や部品のレイアウトまで、当然コストやウエイトも決定されるため、基本仕様とはいっても、各性能はこの段階でほぼ決っているのです。

この開発フローは、プロジェクトチームが推進しますが、機能や性能の開発は、各機能開発部門が行います。つまり、プロジェクトチームが、コンセプト検討の中で、性能目標を設定し、機能開発部門が、その目標性能の達成できる仕様を提案するのです。音の目標性能もコンセプト検討の中で議論されますが、馬力や燃費と違って、音は概念的な議論が交わされるため、多くの時間が費やされます。自動車の騒音低減には当然コスト・ウエイトがかかりますが、完成車一台分の限られた厳しい目標コスト・ウエイトの中で、音に当てる余裕はなく、

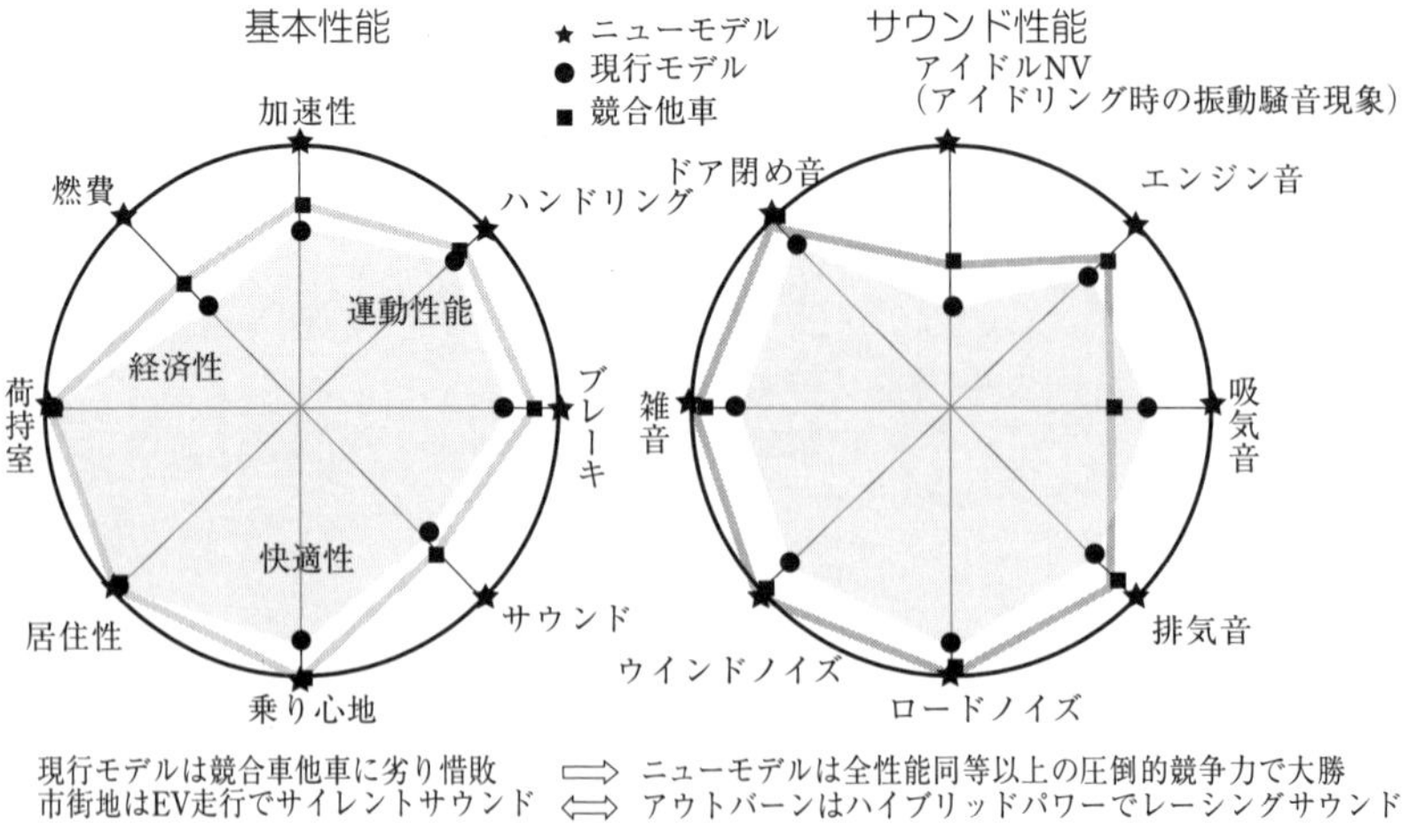

基本性能
★ ニューモデル
● 現行モデル
■ 競合他車
サウンド性能
加速性
ハンドリング
ブレーキ
サウンド
乗り心地
居住性
荷持室
燃費
運動性能
経済性
快適性
アイドルNV
（アイドリング時の振動騒音現象）
エンジン音
吸気音
排気音
ロードノイズ
ウインドノイズ
雑音
ドア閉め音
現行モデルは競合車他車に劣り惜敗 ⇒ ニューモデルは全性能同等以上の圧倒的競争力で大勝
市街地はEV走行でサイレントサウンド ⇔ アウトバーンはハイブリッドパワーでレーシングサウンド

Next Generation Sport 目標性能チャート

そのためどのメーカーのどのプロジェクトチームも「(うるさくても) 気もち良い音」これをキーワードに熱い議論が繰り返され、目標性能が設定されてゆくのです。

気もち良い音

気もち良い音とはどのような音でしょうか。すべての音は物体の作用から生れます。つまり物体が動くことで音が発生するわけですが、人は経験と状況判断から、その物体がそのときに、どのような音がするかを予測します。その音が期待値に充たないと不快に感じ、期待値をこえると快適に感じます。一般的に、機械が発生する音は静かにこしたことはありません。では、自動車はどうでしょう?

切り口としては、自動車に求められる機能ですが、走行性能、安全性能、燃費性能、耐久性能等が考えられます。これらの機能にまつわる音を想定すると、アクティブでは高い走行性能の音、つまりハイスピードを感じる音。パッシブでは不安を感じない音、に分類できます。

ではまず、不安を感じない音とはどのような音をいうのでしょうか?　これを「○○な音」と表現できる言葉としては、なめらか、軽快、一定 (安定)、しっとり、さわやか、重厚等が考えられます。つぎに、スピードを感じる音の具体事象として、車速依存性の音では、ウインドノイズ、ロードノイズ、があります。エンジン回転に同期する音ではエンジン音、吸気音、排気音が考えられます。さらにこれらの音にはスピードを感じる要素が二つあり、一つは音圧で、スピードアップ＝音圧アップです。もう一つはスピードアップ＝周波数アップです。つまり、音圧がアップし、周波数がアップするとよりスピード感もアップするのです。これらの要件に合致する音はエンジン音、吸気音、排気音が該当すると考えますが、この三つの音を用いて、シチュエーションに応じた音色を調合すれば、気もちの良い音がつくれるのではないでしょうか。

たとえば、スポーティな小型乗用車でドライブに出かけ、風景を楽しみながら巡航している時は、さわやかで安定したエンジン音が聞こえています。すると前の車に追いつき、追い越そうとアクセルを踏むと、後方から重厚な排気音で押され、続いて前方から軽快な吸気音に引かれ、車はスーッと前に加速してゆきます。気もち良さそうですね！

人は非日常的なことに刺激を受けます。ですからスピードが出ることは、一般的には非日常的体験のため、人は興奮するのです。とくにモータースポーツなどは、スピードを音から感じ取って、人は興奮するようです。しかしもしこれが、その人にとって日常的であったとしても、車が好きな人なら毎日でも感動するのです。毎晩ビールが旨い！　と思うように。

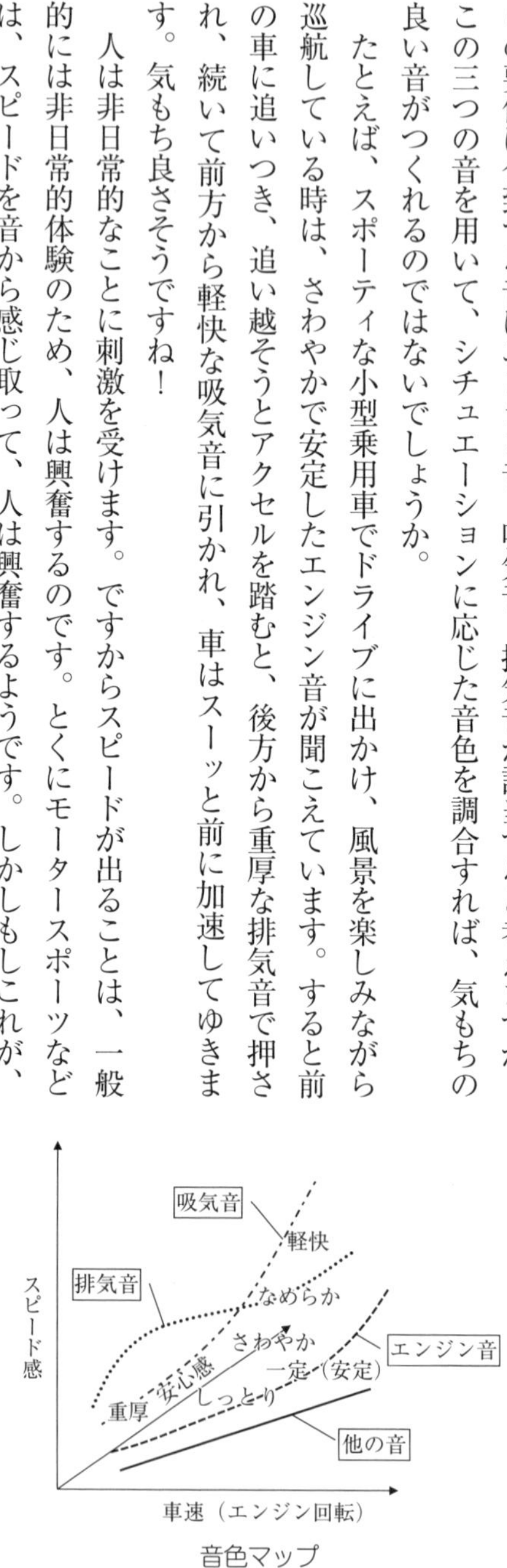

音色マップ

サウンドデザイン

しかしながら言うは易し行うは難し、実際そう簡単には気もちの良い音は創れません。何でもいい、という人もいれば、やっぱりエビス、おれはスーパードライしかだめ・・・毎晩旨いビールも、人それぞれ嗜好が異なるように、音の好みも千差万別、人を唸らせる音は一朝一夕にはゆかないのです。騒音対策は自動車メーカーに限らず、製造業であればどこでも大なり小なり、それなりの対応をすべく、組織的にも人・物・金・時間を費やして品質向上を図っていますが、くるまの音創り、すなわち、サウンドや音色に至っては、その限りではありません。その理由として、以下の課題が考えられます。

①　車一台分の音源指揮者

エンジン系、シャシー系、車体系、電装系各システムの、それぞれの部位から発する多数の音源を把握し、その音量と周波数をマネージメントする、オーケストラのコンダクター（指揮者）的センスが求められる。

②　音の嗜好は人それぞれ

音の大小、高低は物理量であるが、音の良し悪しは人の感性によるもので、それを測る物差しは存在しない。そのため各社は、音色研究を行い独自の音色マップを作成し、車の音の開発目標や競合車との位置付けを表示して、その妥当性を証明しているようであるが、その結果は人を感動させる領域には至っていないのが実情。

Dr. Noiseの解説——音色研究

自動車でいう音色研究について、簡単に補足しておこう。

音に対する感受性は、人それぞれ異なるものじゃが、複数の被験者に、いろいろな自動車の音を聞いてもらい、その人がその音を聞いてどう思ったか、浮んだ感覚を言葉に置き換え、音と言葉や感覚との相関性を統計的に求め、音色マップを作成することを、音色研究としておる。すなわち周波数や音圧、それらの変動といった音の物理量を、人の感性で表現することで、どのようなくるまの音が好まれるのかが、定性的に求められ、音として物理的に再現されるのじゃ。ポイントとしては年齢、性別、人種、国籍、生活環境などの異なる被験者では、それぞれで異なった相関性が生じるのは当然じゃろう。

③　音の魅力か静粛性か

自動車の商品性が多機能化し、くるまの音への興味が失われつつある。開発コンセプトや企画段階では、くるまの音について議論はされるが、結果的に静粛性の競争力を有することに帰結する。車は静かでオーディオの音質が重要、など静粛性を確保することが、ユーザーに受け入れられやすい。

④ 音のファッション性

車種ごとに似合う音とは？　軽自動車から高級車まで、バン／トラック／セダン／ＳＵＶ／スポーツ・・・・車種それぞれに相応しい音や個性があって良い。

時代や流行の音とは？

燃費や排ガスが社会問題となってきた現在、迫力あるエキゾーストノート（排気音）は肩身が狭く、一方、ハイブリッドやＥＶのモーター音が主流となり得るのか。

このように音創りの難しさの中で、各メーカーや開発チームは暗中模索、試行錯誤を繰り返し、当り障りのないくるまの音を商品化してゆくのです。

一方、高級ブランド車において、音創りは必須アイテムとされ、エクスキューズは許されません。とくに欧州車には、音を聞いただけでブランドがわかるほどのメーカーもあります。聞くところによるとやはり、社内におけるミス

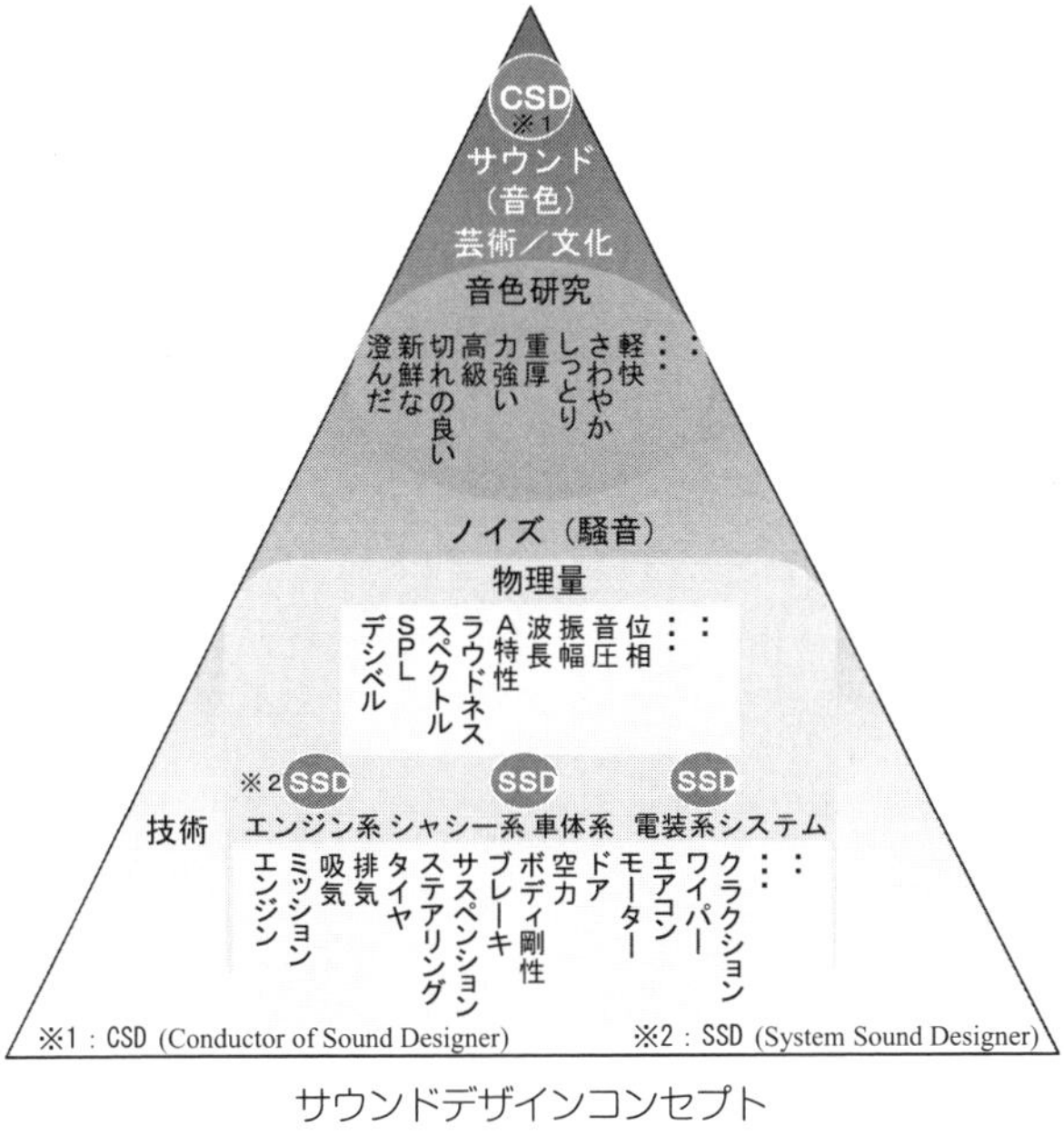

CSD ※1
サウンド（音色）
芸術／文化
音色研究
軽快　さわやか　しっとり　重厚　力強い　高級　切れの良い　新鮮な　澄んだ　：：
ノイズ（騒音）
物理量
位相　音圧　振幅　波長　A特性　ラウドネス　スペクトル　SPL　デシベル　：：
※2 SSD　SSD　SSD
技術　エンジン系　シャシー系　車体系　電装系システム
クラクション　ワイパー　エアコン　モーター　ドア　空力　ボディ剛性　ブレーキ　サスペンション　ステアリング　タイヤ　排気　吸気　ミッション　エンジン　：：
※1：CSD (Conductor of Sound Designer)　※2：SSD (System Sound Designer)

サウンドデザインコンセプト

ターサウンドの存在が大きいそうです（ミスターノイズならどこにでも存在します）。欧州では、ドイツのマイスター制度に代表されるように、技巧や感性を磨く技の習得や伝承に国をあげて力を注ぎ、文化、芸術を育んで来た歴史があります。その環境で生れ育った高級ブランドのくるまの音を再現するのが、日本のメーカーにとってどれほど難しいことか判っていただけるでしょうか。

とどのつまり、カッコイイくるまは誰がみてもカッコイイし、カッコイイ音は誰が聞いてもカッコイイんです。そう思うと、カッコワルイくるましか創れなければ、カッコイイ音など創れるわけがないですね。

2 音のいろは

音の原理

音・振動は波動現象であり、その周期運動が空気や水を媒体として伝わるのが音で、固体を媒体として伝わるのが振動です。音は空気の圧力変動であり、疎密波とよばれています。つまり、圧力変動ですから、圧力の低いところ（疎のところ）と高いところ（密のところ）が、交互に発生し空気中を伝わって行きます。一秒間に繰り返される周期運動回数を周波数といい、単位はHz（ヘルツ）で表示します。圧力変動周期が短いと、一秒間の変動数、すなわち、周波数が高くなり、高音になります。反対に、圧力変動周期が長いと周波数が低くなり、低音になります。ちなみに、音速は空気中（一五℃）で約三四〇m／sですが、波長で割るとその周波数となり、波長は低周波（低音）ほど長く、高周波（高音）ほど短くなります。

一方、振動は（媒質にもよりますが）音速の一〇倍以上の速度で伝わります。自動車のような機械の現象では、音の波長の概念や、地震のように巨大な振動現象と

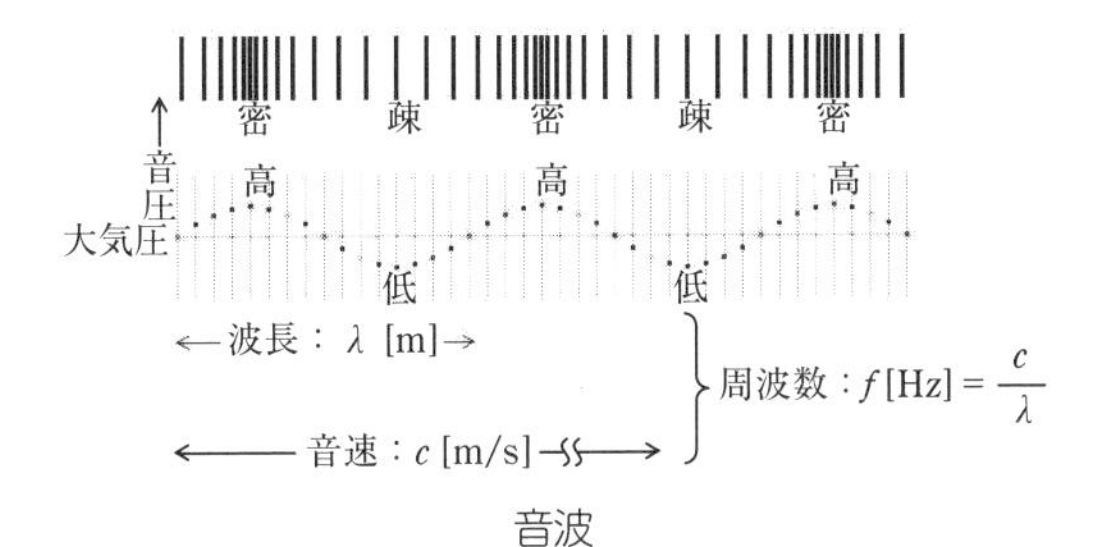

音波

は異なり、物体はその振動体の振動モードで振動します。ばねに吊るされた錘に外力を与えると、この錘は上下に自由振動します。一秒間の振動周期がこの振動体の周波数となり、この特定の周波数を固有値といい、固有値で振動することを共振といいます。この共振周波数は、*ばね定数を錘の質量で割った値の平方根に比例するため、ばね定数が上がると、つまりばねが硬くなると高くなり、錘が重くなると低くなります。

*ばね定数とは、ばねに負荷を加えた時の荷重を、ばねの伸びまたは縮み量で割った値。

（自由）振動

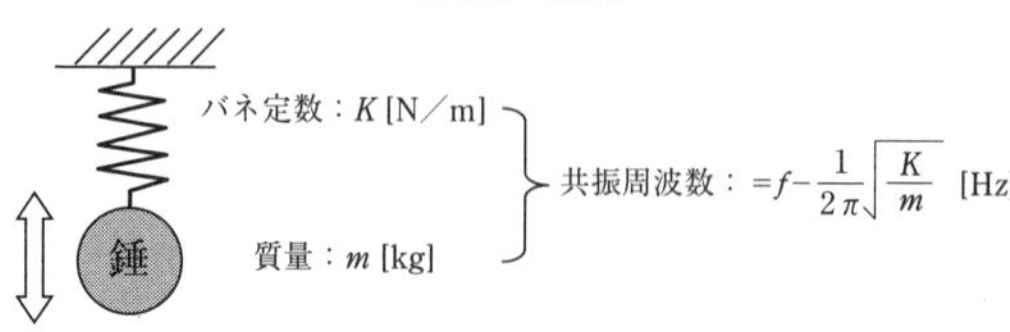

振動モード

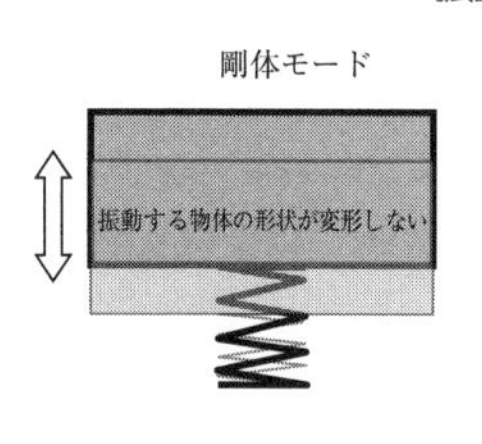

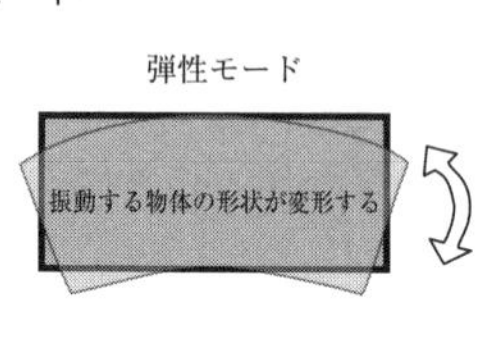

振動体の振動モードには剛体モードと弾性モードがあります。剛体モードでは錘とばねが分離しており、振動体の形状は変形しませんが、弾性モードでは振動体そのものが錘とばねになっており、変形して振動します。

音や振動の波動現象の表現方法としては、波の形や大きさを時系列で示したものを波形といいます。波形の振幅の大きさを表す場合、音は圧力で振動は変位量となりますが、音の圧力の表示は人間の聴感に合わせて、最小可聴音圧の近似値との比（測定した音圧を最小可聴音圧の近似値で割った値）に対数処理した値を、デシベル（dB）という単位で表示するのが一般的で、これを音圧レベル（Sound Pressure Level）といいます。振動の大きさは、変位量そのものや加速度（G）や地震の大きさを表すマグネチュードなどで表示されますが、自動車では加速度（G）で表すことが一般的で、この加速度を音と同じように、対数処理した値をdBで表示し、これを振動加速度レベル（Vibration Acceleration Level）といいます。

自動車では、音や振動レベルを時系列のグラフで表す方法が主流ですが、その場合横軸は時間ではなく車速度やエンジン回転数で表示されます。さらに成分分析では周波数分析が施され、スペクトルとして表示されます。また波動現象には周期中の位置を示す位相という概念が存在します。複数の波の位相が合さったりずれたりすることで、合成波の振幅は増減します。

ここまでは波動の物理現象を説明しましたが、人間の聴感は物理量とは異なるため、音の大きさを補正して表す必要があります。振動にも地震のような低周波事象には体感補正が用いられますが、自動車はその限りではありません。

音圧レベル：SPL（Sound Pressure Level）

$$\mathrm{SPL} = 10\log_{10}\frac{P^2}{P_0^{\,2}}\ [\mathrm{dB}]$$

P：音圧〔Pa〕

P_0：基準値（最小可聴音圧）$=20\times10^{-6}$〔Pa〕

振動レベル：VAL（Vibration Acceleration Level）

$$\mathrm{VAL} = 10\log_{10}\frac{V^2}{V_0^{\,2}}\ [\mathrm{dB}]$$

V：振動加速度〔$\mathrm{m/sec^2}$〕

V_0：基準値 $=10^{-5}$〔$\mathrm{m/sec^2}$〕

音・振動レベルの定義

波形と周波数

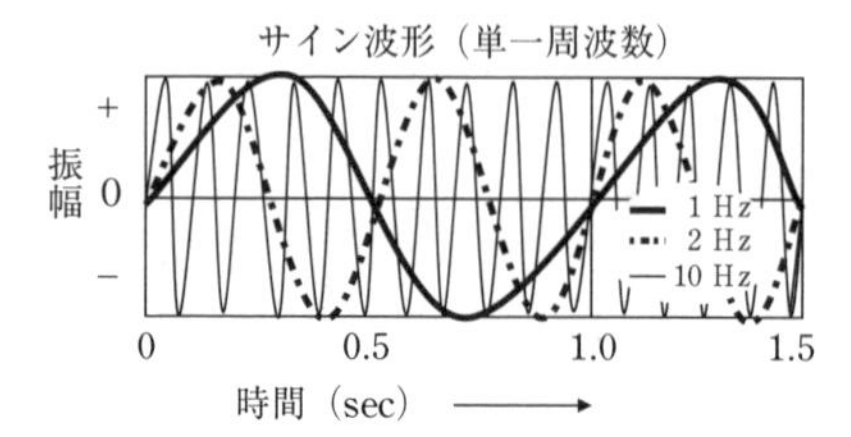

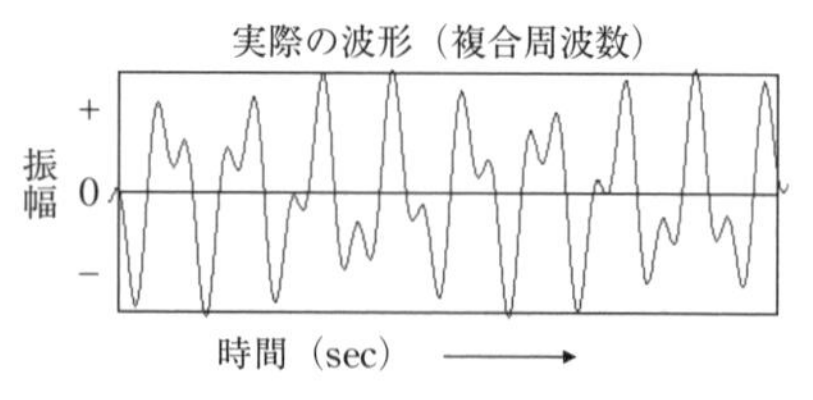

位相と合成波

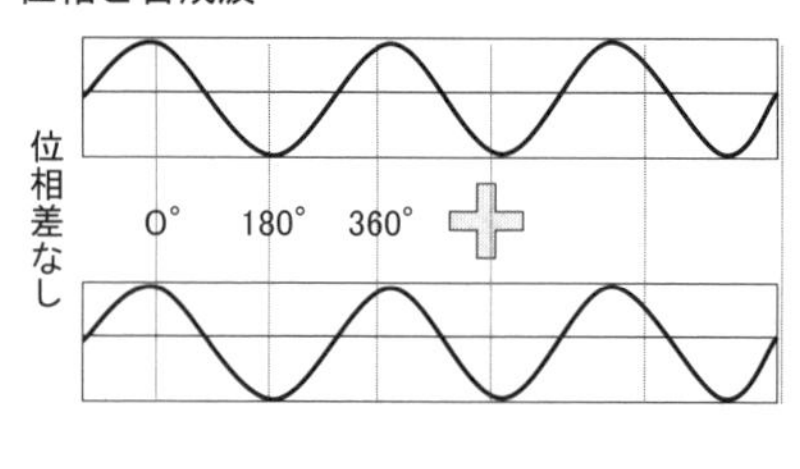

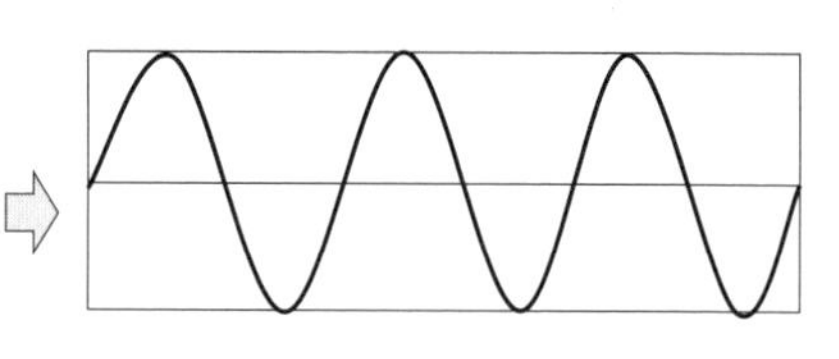

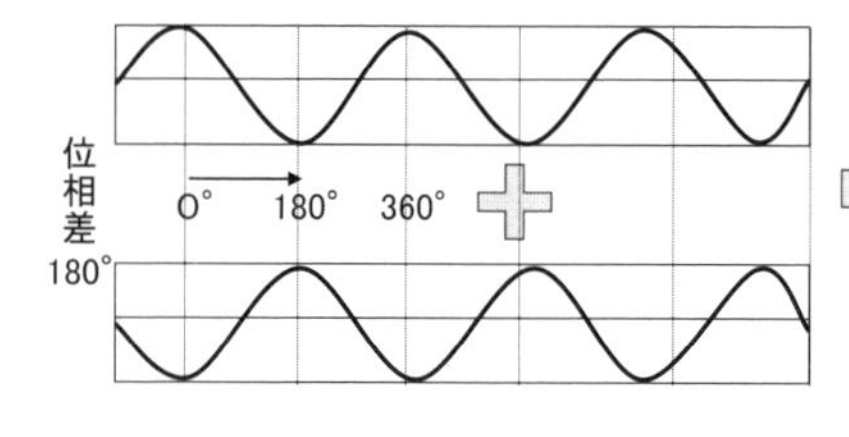

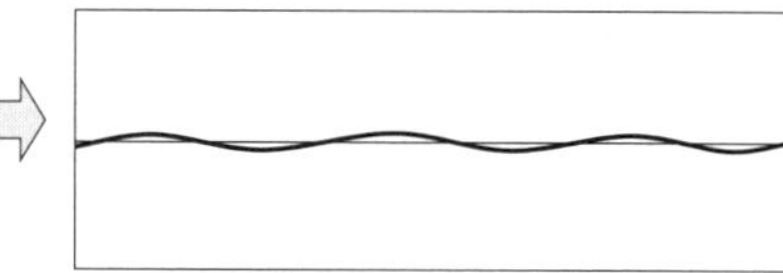

自動車走行音

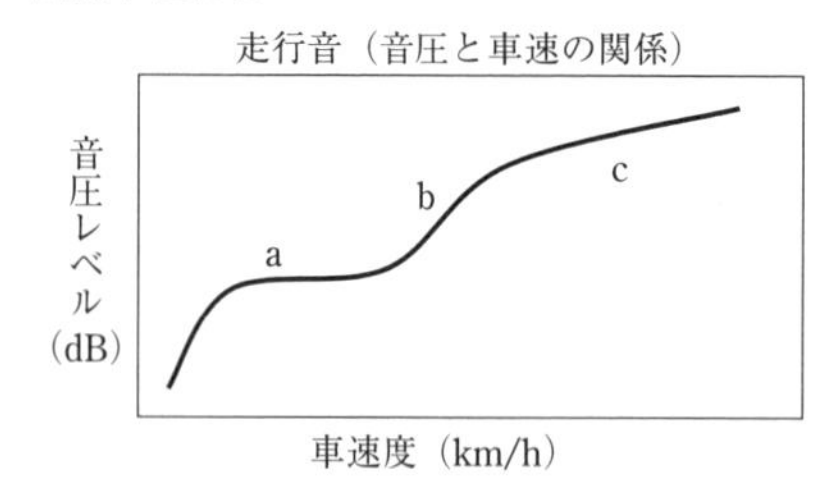

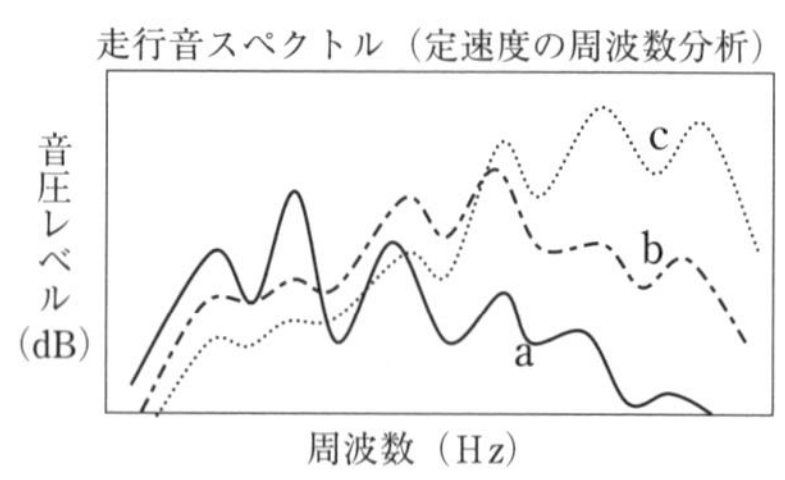

Dr.Noiseの解説——聴感補正

人の聴感は実際の物理量である音圧とずれが生じるため、人の耳で聴いた音の大きさを、数値で表すときに補正が必要となる。まずは聞こえる周波数範囲が限定されており、二〇～二〇〇〇〇Hzが人の可聴周波数とされておる。その聞こえる周波数域でもよく聞こえる周波数帯とあまり聞こえない周波数帯があるため、周波数の音圧レベルを補正する必要があるんじゃ。その聴感補正をA特性（Aスケール）といい、騒音計でA特性の補正をした数値を人が感じる音の大きさとしているんじゃ。さらに人間の聴感は非常に繊細で、周波数特性だけではなく、音圧のレベルの大きさによって、対数表示の尺度とずれが生じるため、ラウドネス曲線という聴感特性のグラフもあるぞ。他にも人種、文化、年齢、性別、頭の形、耳の形、さらには体調、心理などにも聴感は影響されるため、音色評価の研究により、音の定量化がいろいろ試されているそうじゃ。わしの耳には補正じゃなく、そろそろ補聴器が必要かのう。

音の発生

さて、ではなぜ空気の圧力変動が発生するのでしょうか？　扇風機や換気扇などは、直接空気の流れを作ることで、音が発生します。モーターの回転速度（一秒間の回転数）に羽の枚数を掛けると、発生音の周波数が計算できます。

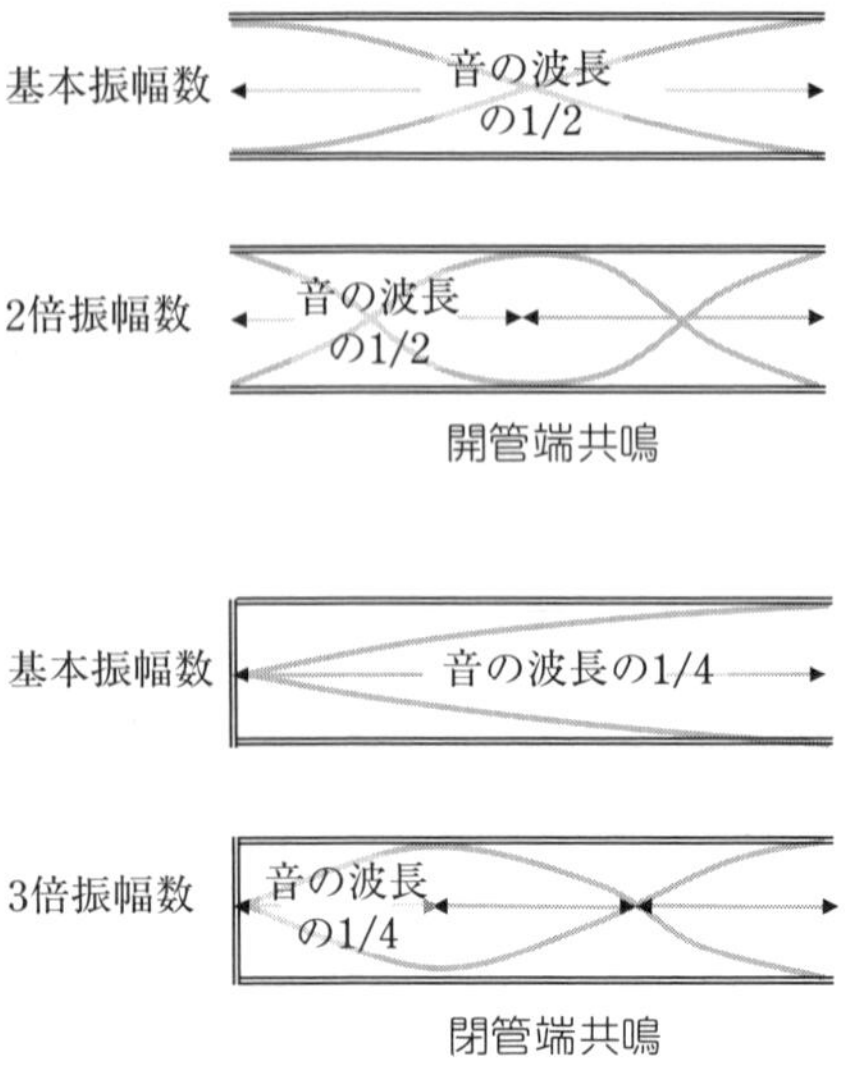

お寺の鐘やフライパンなどを叩いた時には、物体が振動して、それが空気を振動させて、音が発生します。インパクトの瞬間には、その衝撃エネルギーが物体を振動させ音となり、衝撃音が発生しますが、物体はその後数秒間、その物体

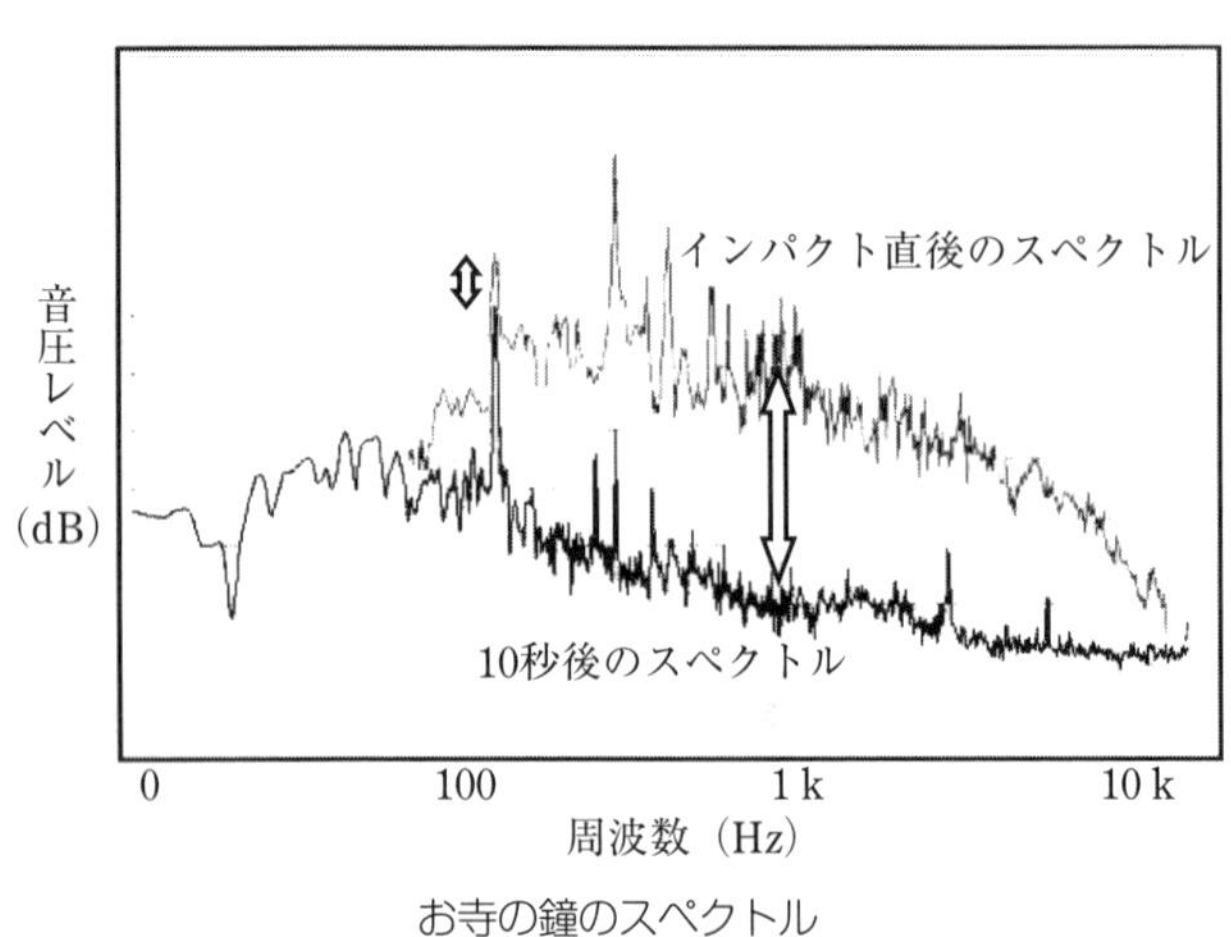

お寺の鐘のスペクトル

特有の音を発し続けます。物体には必ず、固有値と呼ばれる構造物固有の振動特性があります。この振動現象を共振といいますが、物体にある外力が加えられると、この共振が発生して周辺の空気を振動させることで、その物体特有の音を発生させます。大きくて重くて柔らかい物体ほど、固有値が低い周波数となり、叩くと低音を発し、軽くて小さくて硬い物体ほど、固有値が高い周波数となり、叩くと高音を発します。

吹奏楽器は、息を吹きかけることで空気が振動し、楽器の中にある空間で固有の波長の音が形成され、特定の音が発生します。仕切られた空間では、音は壁に当って反射し、またその音が反射する、という現象が繰り返されます。その音は熱エネルギーに変換され減衰しますが、空間の大きさ（長さ）の二倍または四倍の波長（およびその整数倍の波長）の音は減衰され難いため、反射現象が持続され、この特定の周波数が音となります。この現象を共鳴といい、この仕切られた空間に形成される波を定在波と呼んでいます。トロンボーンは共鳴空間が長く、波長の長い低周波の共鳴が発生し、低音となり、トランペットのそれは短く、高周波の共鳴が発生し、高音となります。

これらが、圧力変動が生じ、音が発生する時の代表的なメカニズムです。

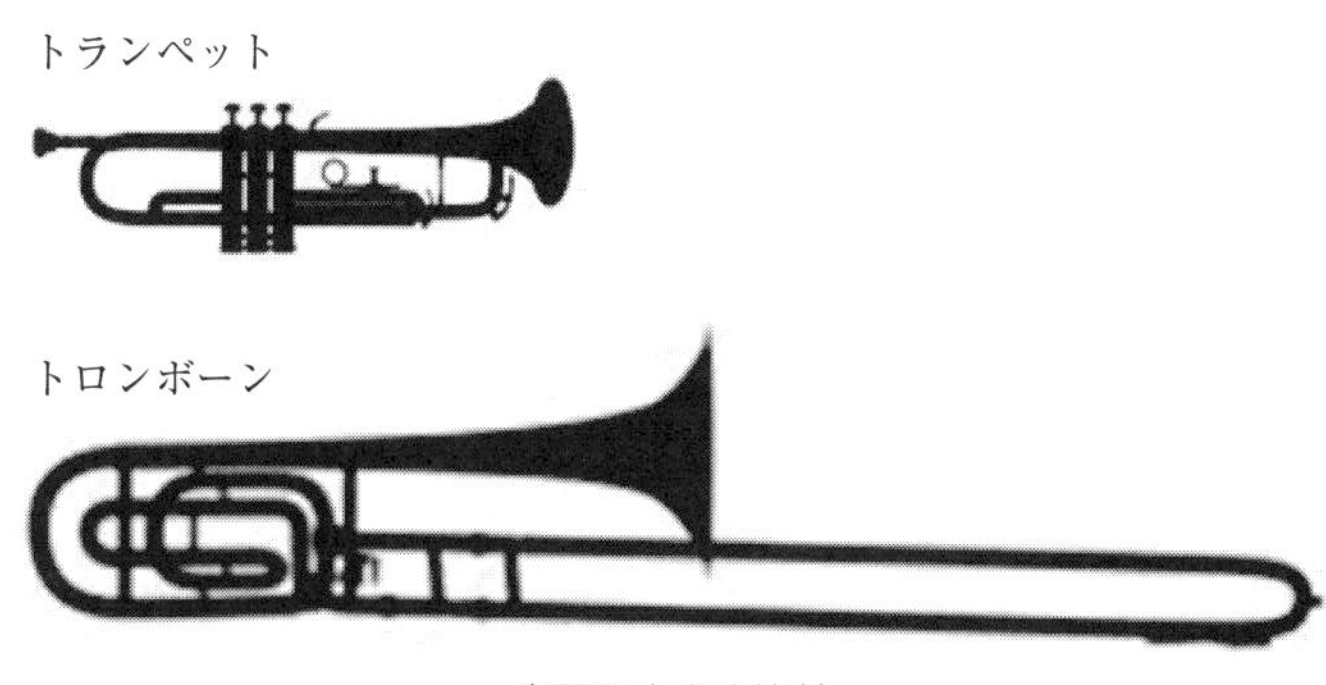

楽器の大きさ比較

3 車の音の正体

車の音はどのようにして発生して、我々の耳に聞こえてくるのでしょうか。車の代表的な音の発生メカニズムを紹介します。

自動車から発生する音は、動力源が回転することにより生ずる回転体の音振動、空気やガスの流れで生じる気流音、物体が干渉して発生する打撃音（干渉音）、仕切られた空間に定在波が生じて発生する共鳴音、などに事象別で分類することが出来ます。なお、音と振動はほとんどの事象において、同時に生じる現象であるため、以降の解説は音を代表して表現してゆきますが、振動も同様に発生していきます。

回転体の音

ある速度で物体が回転すると、その周期の中でアンバランスな状態が繰り返されるため、回転数に同期した周波数の*ＮＶ（ＮＶＨ：Noise, Vibration, Harshness

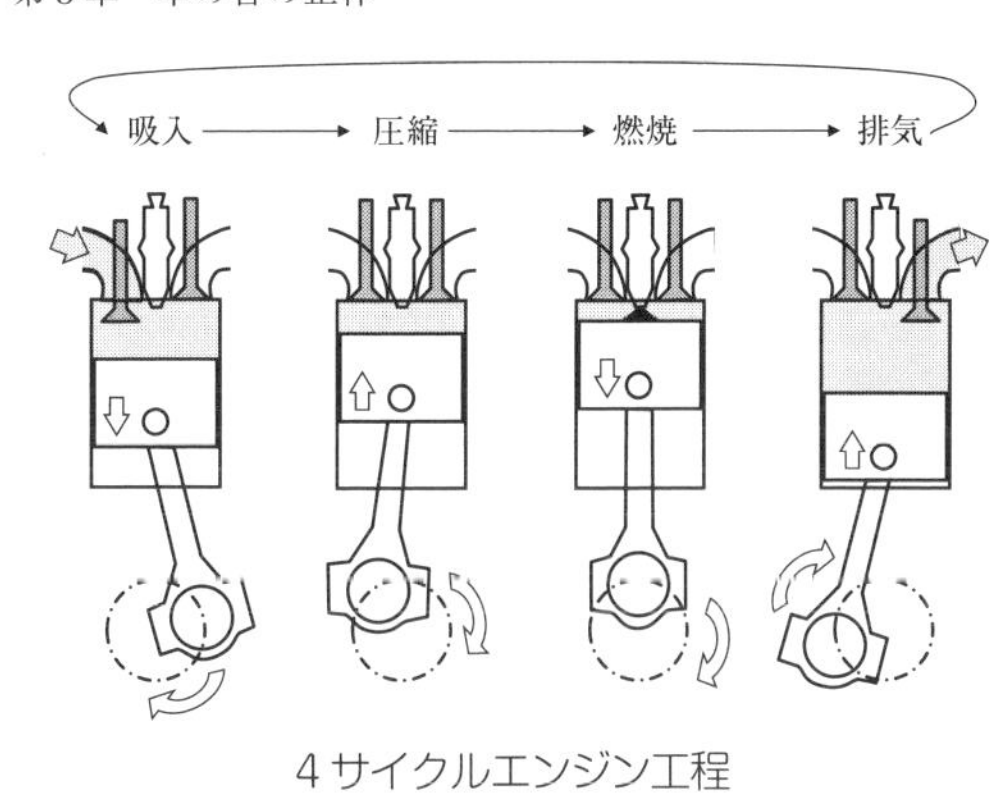

4サイクルエンジン工程

の略語）を発生します。

■エンジンNV

エンジンでは、ピストンの往復運動をクランクで回転運動に変換する動作において、吸入、圧縮、燃焼、排気の四工程が繰り返されています。吸入工程では、吸気バルブが開き空気を取り込み、この時発生する圧力変動が吸気音です。排気工程では、排気バルブが開き燃焼ガスを吐出し、この時発生する圧力変動が排気音です。燃焼工程では、爆発ガス圧がピストンを押す力により大きな振動が発生します。これらの音・振動はエンジン回転に同期して発生し、4サイクルエンジンでは二回転に一度、四気筒エンジンではその四倍の二回転で四度、すなわち一回転で二度発生します。したがって4サイクル四気筒エンジンでは、吸気音、排気音、エンジン振動はエンジン回転の二倍の周波数が主成分になり、エンジン回転数がN rpmの時、その発生音の主たる周波数は$N \div 60 \times 2$となります。

＊音・振動・乗り心地の事象を、英語でNVH（Noise, Vibration, Harshness）といい、自動車の快適性を表現する業界用語になっているのよ。本書でも音・振動をNVと略して表現しています。

■トランスミッションギヤ音

歯数Aと歯数Bの歯車が噛み合う場合に発生する音は、Aの歯車回転数がN rpmの時、一秒間にAとBの歯が当る（噛み合う）回数はA×N÷60となり、これが発生音の主たる周波数です。

■冷却ファン音

ファンの羽の枚数がA、モーターの回転数がN rpmの時、発生音の主たる周波数はA×N÷60となります。

■プロペラシャフト／ドライブシャフト／タイヤ回転振動

それぞれの回転数をN rpmとすると、発生振動の主たる周波数はN÷60となります。

気流音

気流に抵抗が働くと乱れが生じ、圧力変動となり、音が発生します。

■風切り音

空気中を車が通過すると、低速では空気は車体に沿って流れますが、高速になると空気は車体から剥離し、流れは乱れ圧力変動が生じ、風切り音が発生します。

■排気気流音（ジェットノイズ）

エンジンが高回転、高出力で運転されている時は、排ガスの流速が速いため、排気口から吐出した排ガスは大気と衝突し、圧力変動を生じ気流音が発生します。また排気消音器内部においてもガス流が乱れ圧力変動が生じ、気流音が発生します。

打撃音（干渉音）

物体と物体がぶつかる（干渉する）とその物体が振動して、その物体を取り囲んでいる空気に、圧力変動が生じ、音を発生します。

■打音

「田舎のバスは　おんぼろ車　デコボコ道を　ガタゴト走る」と歌われたように、シャシーにガタのある車で悪路を走行すると、打音が発生します。またタイヤが転がると、路面がタイヤを振動させて、タイヤから音を発生させたり、タイヤ振動がキャビンに伝達されロードノイズとなります。

■雑音（rattle ラトル）

ダッシュボードやドアの内張りが、車体の揺れで振動し、取り付け部位での干渉や隣接部品との干渉により、音が発生します。

■摩擦音（摺動音）

ブレーキはディスクとパッドの摩擦により、運動エネルギーを熱エネルギーに変換させて、自動車を減速させています。そのとき、物体と物体が擦れ合うと振動が発生しますが、その際ディスク共振の誘発を伴うと、「キー」というブレーキ鳴きが発生します。

共振（固有値）・共鳴（定在波）

物体特有の固有値において振動することを、共振といいます。仕切られた空間に定在波が生じる現象を、共鳴といいます。

■振動伝達と固有値

エンジンの爆発による振動は、エンジンマウントで減衰され、車体のフレームを伝わって、車体のパネルを振動し、キャビン内の空気に圧力変動が生じて、ドライバーの耳に到達します。この振動伝達経路における各物体や構造物には、固有値がそれぞれ存在するため、エンジンの回転が変化して発生する周波数が、各固有値の周波数と一致すると共振現象となり、不快で大きな音が発生します。

■空気伝播と定在波

エンジンの爆発音は、排気ガスとともに排気管内を通り、触媒や消音器で減衰して、排気口から大気に放出されます。この排気音は、空気伝播によりキャビン（車室）内に伝わり、キャビン内の空気を振動させ、ドライバーの耳に到達します。この時、排気管内では管長による共鳴現象などにより、排気音の特定周波数の音が強調され、さらに、この周波数の波長と仕切られたキャビン空間のサイズが一致する

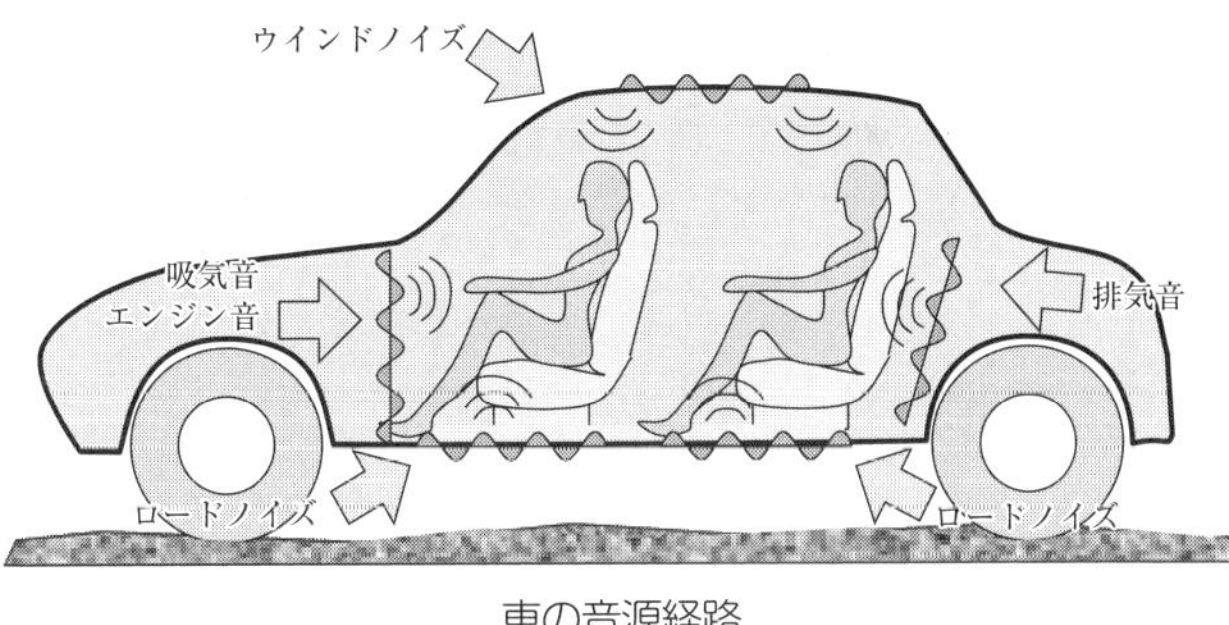

車の音源経路

と、定在波が生じ共鳴現象となり、不快なこもり音が発生します。

　自動車はエンジンや駆動系やタイヤの回転が変化することでスピードが変化し、風の流れも変化します。物体の運動エネルギーは速度二乗に対して比例するため、回転の上昇やスピードの上昇に伴って、発生音圧が上昇しても、それは人の感性にマッチし違和感はありませんが、特定のスピードや特定の回転数で、共振・共鳴によるＮＶのピークが発生すると、他が静かでも違和感となり不快に感じてしまいます。そのためＮＶ対策は、音（振動）源対策と遮音・吸音などの防音が基本ではありますが、伝達経路対策や共鳴・共振のコントロール技術が重要なポイントになります。つまり力ずくで静かにするのではなく、エンジンなどの仕事エネルギーを最大限に引き出し、いかに軽量コンパクトに対処するかが、技術者の腕の見せどころです。

広く伝わること、広く撒き散らすことを伝播（でんぱ）といって、物理学では、音や光や熱など波動が、媒質（気体、液体、固体）中を広がっていくことをいうのよ。空気伝播が音で、固体伝播が振動なのよね。

4 音・振動のレシピ

計測と解析

音の計測にはマイクロホンが用いられますが、音の大きさを正確に表示するために、校正信号をマイクロホンに入力する必要があります。一般的にはピストンホンと呼ばれる校正器により、特定周波数の一定音圧を発生させることで、その値を音の大きさの基準とします。また、人の聴感特性であるA特性で計測した音圧を表すことで、騒音計は人間が聞こえる音の大きさを正確な物理量として表示することができるのです。

振動計測には、音計測のマイクロホンに相当する加速度センサーを、計測したい場所や物体に瞬間接着剤などで固定して行われますが、振動加速度には方向性があるため、上下、左右、前後を定めておく必要があります。つぎに、音計測と同様に振動の大きさを明確にするために、校正信号を入力しますが、加振器にフォースゲージを挟んで加速度センサーを取り付けた基準物体を加振しその値を基準とします。センサーの種類によっては、センサーの方向を変えることで重力加速度を校正信号として入力する場合もあります。振動には方向性があるため、正確な物理量を計測するには、計測点では三方向の振動加速度を計測する必要があります。振動計測は計測箇所が多点となる場合は、計測作業時間が膨大になるため、非接触で計測可能なレーザードップラーを利用した、光計測技術が近年開発されています。

音や振動の計測データの解析には、その目的に合せた解析手法が多種多様に存在します。波形形状分析、周波数分析、位相分析（ベクトル解析）、フィルター分析、次数分析（トラッキングフィルター分析）、モード解析等々があります。これらには、専用の解析装置が必要となりますが、近年はコンピュータソフトの普及により、計測データをＡＤ変換してパソコンに取り込むことで、これらのさまざまな解析が可能となっています。

自動車に限らず商品開発における性能試験は、その商品の構成単位（構成されている段階毎）で、実施されます。構成されている段階の順に材料試験、部品単体試験、システム試験、そして、完成試験があります。材料試験では試験片の機械特性を調べます。吸音材の吸音特性、遮音材の遮音特性、防振ゴムのばね特性やダンピング特性などが、音・振動においては代表的な機械特性です。部品単体試験では、吸音パネルの吸音性能、遮音ボードの透過損失、ゴムマウントの振動遮断性能などを計測します。システム試験では、エンジン単体の音・振動を解析したり、ホワイトボディ（部品未装着の車体）の音・振動特性を計測したり、完成車をシャシーローラーで走行させて計測したりします。完成品試験は実走行試験となり、テストコースを走行してデータ計測を行います。

試験設備

■無響室

車でトンネルの中を走行すると、うるさく感じたり、ガードレールの横を走ると「シャー」と音がしたりするのを経験したことはありませんか？　それは車から発している音が、壁などに反射してキャビンに入ってくるために起る現象です。

音の反射を防ぐために、音・振動解析試験は無響室で行われます。無響室内の壁面は楔形のグラスウールで凹凸形状になっており、効率良く吸音するため、音の反射を防ぎます。床や壁そのものは厚いコンクリートで作られていますが、それを弾性体（ゴムなど）で保持したフローティング構造とすることで、外部からの音・振動をほぼ完全に遮断することが出来ます。

無響室には六面全部が吸音構造の完全無響室と床面だけが反射面の半無響室の二種類ありますが、地上を走行する自動車の音の伝播は半無響室で再現され、飛行中の航空機などは完全無響室で再現されます。音測定では、他の雑音の影響と反射の影響を排除することがたいへん重要です。

無響室

無響室に入ると、静か過ぎて耳が変になる、とよくいわれますが、実際地球上でもっとも静かな場所、といっても過言ではありません。 宇宙に一番近い場所、かも知れませんね。

■低騒音風洞

空を飛ぶ航空機の開発には、風洞試験は欠かせませんが、地上を走る自動車の開発においても不可欠な設備の一つです。

風の影響を受ける自動車の空力性能は、加速性能、最高速度、冷却性能、燃費、ハンドリング、安定性そしてウインドノイズです。これらの性能を左右する自動車全体にかかる空気抵抗力は、空気抵抗係数に前面投影面積を掛けた値で表され、車体のエクステリアデザインで決定されるため、デザイナーは開発初期段階から、*クレイモデルの粘土を盛っては削り、削っては盛り、風洞試験を何度も繰り返して、かっこよさと性能の両立に命を賭けるのです。

風洞は巨大な送風機で風を作り出しているため騒音が高く、一般的な風洞ではウインドノイズの計測は不可能なため、低騒音風洞が必要となります。送風機は扇風機のお化けですから、それなりの騒音が発生するため、風洞本体が消音器構造になっています。低騒音風洞の風は、音もなく目に見えないため、風が流れているのに気がつかずに、流れを横断しようとすると、透明人間に突き飛ばされたように、身体が突然もっていかれ、思わず笑ってしまいます。

アスリートは一〇〇mを一〇秒で走るんだよね。するとその平均速度は時速三六kmになるけど、追い風二m／s（七・二km／h）をこえると、記録は無効となっちゃうんだ。それよりもはるかにスピードの速い自動車では、風は走行性能に大きく影響して来るんだ。だって空気抵抗は速度の二乗に比例するため、自動車が人の倍のスピードで走行した時、空気抵抗は四倍になるんだよ。人類最速の男ウサイン・セント・レオ・ボルトのトップスピードは四四・七km／hにもなるそうだけど、彼の場合はズウタイのでかさが空気抵抗になるかもね。

*クレイモデルとは、自動車をデザインするにあたり、骨組で全体のモチーフを作成した上に粘土を盛って作ったボディエクステリア模型のこと。

■テストコース

　自動車の完成車試験を行うには、テストコースが不可欠で、自動車会社は複数のテストコースを有しています。テストコースは開発中の試作車のみならず、工場生産の量産車も走行チェックを行うため、各生産工場ごとに設置されますが、工場隣接のテストコースは必要最小限のサイズとなり、全長五〇〇～一〇〇〇mほどの直線コースが一般的です。一方開発で用いられるテストコースは、基本的には開発拠点に隣接して設置されますが、必要最大限のサイズとなり、一周三～五km程度の周回コース（陸上競技場のトラックの約一〇倍ほどの長さ）およびその他の付帯コースを備えた大規模なものであり、この試験場をProving Ground（以下ＰＧ）といいます。海外には、一周一〇～二〇kmほどもある超大規模なＰＧも存在します。

　自動車開発には、気象環境条件も重要なファクターとなるため、低温豪雪地域の北海道には各社のＰＧが設置されており、自動車メーカーのみならず、タイヤやブレーキといった部品メーカーも合せると、その数たるや二六箇所にもおよびます。また北海道は、山岳島国である日本列島の中でも、雄大で平坦な地形を有しており、海外レベルに迫る規模のＰＧが建造されています。

　ＰＧは高速周回路を中心に、試験目的ごとに多種多様なコースが設置されていますが、その中で、音・振動専用のテストコースとしては粗目路、ベルジャン路、*ＩＳＯ路（国際規格路面）などがあります。粗目路、ベルジャン路では、ロードノイズを計測し、ＩＳＯ路では騒音規制の車外走行騒音を計測します。

＊ISO（International Organization for Standardization）：国際標準化機構

・粗目路

日本の道路はおおむねスムーズで経年劣化における補修管理も行われ、比較的静かな舗装路面が施されていますが、海外事情は異なります。どこも当然うるさい道路を作ろうとして作っているのではありませんが、経年劣化により路面表面のアスファルトが削り取られ、中の骨材である砂利が現れて、粗目状の路面となり、GDPマイナス成長下では補修されないで放置されてしまいます。PGの粗目路は、その世界最悪のロードノイズを再現するために、経年劣化ではなく試行錯誤して人工的に作られた、たいへん高価なコピー製品です。イギリスのとある田舎町の国道を走るときと同じ音がするまで、舗装工事が何度も繰り返されるため、PGに施工された粗目路断面は、まるで太古の地層のようになっているのではないでしょうか。この技術を以ってすれば、メロディーロードも自由自在に作曲できそうです。

・ベルジャン路

ベルジャン路はベルギーの道路という意味ですが、石畳の路面のことです。中世ヨーロッパでは馬車が石畳の上を走っていましたが、一九世紀になって、自動車が馬車に代って石畳の上を走るようになりました。二〇世紀以降も、石畳はヨーロッパ各地にて健在で、ベルジャン路での走行テストが必要となるわけです。バブル全盛期に建設されたPGには、本場ベルギーから空輸された石（花崗斑岩という火山岩）が何万個と敷き詰められており、兵庫県の御影石（花崗岩という火山岩）を敷き詰めたのと、何がどう違うのかわかりませんが、とにかく三現主義のポリシーとして妥協は許されません。しかし最近になって、この路面でのテストが、開発から削除されたようですが、その原因たるや、各自動車会社の乱獲による絶滅の結果かもしれません。

・ISO路

自動車騒音規制が強化される中、車外騒音寄与率の高い騒音源としてエンジン音や吸・排気音の対策を行ってきましたが、その結果各音源寄与率が平均化され、今まで問題にされなかったタイヤ騒音の寄与率が上がって、路面の影響が無視できない状況になりました。タイヤ騒音は路面性状により大きく変化するため、ＩＳＯが車外騒音計測コースの路面性状を基準化し、法規として義務付けられています。路面の音響特性を左右する要素は大きく二つあります。一つは粗目路で述べた表面粗さで、もう一つは路面の吸音（反射）特性です。路面の粗さはスムーズで静かな特性を基準とし、一方、吸音特性は吸音率をある基準以下とし、静か過ぎる路面を回避しています。ＩＳＯでは、この吸音率決定の重要な構造ファクターとして、路面表層の空隙率について言及しています。簡単にいうと、空隙率の高いスポンジのようなフワフワした柔らかい路面は吸音率が高く、タイヤ音だけではなく、エンジン音や他の音源の音まで吸収してしまいます。そのため、このような路面で計測した走行騒音は、騒音対策をしなくても規制値をクリアしてしまうので、ある程度以上固めて作った、空隙率の低い硬い路面が、車外騒音の計測には適しています。吸音材が敷き詰められたような、雪上走行はほんとうに静かです。

・PG運営管理

自動車メーカーにとって、シンボル的存在であるPGですが、その維持管理やメンテナンスは膨大な原資（人・物・金）を必要とし、四季折々というよりはサマーシーズンとウインターシーズンでその内容は大きく変ります。

PGの運営は何よりも安全第一です。サマーシーズンのテストは、ドライ路面での高速テストが行われるため、わずかなドライビング操作ミスも、大事故につながることから、テストドライバーの日常訓練は、欠かせないカリキュラムとなっています。

一方で、サマーシーズンの主なコースメンテナンスの一つに、芝刈り作業があり、コース脇の安全地帯から、建屋周辺まで、広大な敷地内の芝生を四六時中、シーズンを通して刈り続けているのです。この刈りたての芝の香りは、空腹の鹿の鼻をくすぐり、PGにおびき寄せるため、敷地境界には鹿のハイジャンプにも耐えられる高さのネットフェンスが何十キロにも渡って建てられ、通用門にはテキサスゲートと呼ばれる、地面に溝が格子状に掘られた動物進入防止通路まで設置しています。しかし、鹿の執念はそんなことはもろともせず、ネットフェンスに体当り、歯と角で体の入る大きさまで金網を引き伸ばしPGに進入、高速周回路を横断するのです。それを聞いた鳥獣の生態に詳しい動物園の園長さんが「所詮人間がどんなに頑張っても、動物には勝てないものです。」と、笑みを浮べておっしゃっていたのが、とても印象的でした。ただその後ニュースで、その動物園のフラミンゴが逃

監視カメラの鹿

テキサスゲート

走し、テレビに映った捕まえようと奮闘している園長さんの顔からは、あの時の笑みは、フラミンゴとともに消えてしまっていました。

安全が確保できるまで、コースにはイエローフラッグが振られ、速度制限が表示されます。「鹿に注意!最高速度八〇km／h厳守」

ウインターシーズンは雪との戦いで、明けても暮れても除雪作業の繰り返し、となればまだ良いのですが、近年の温暖化で北海道といえども、雪不足に見舞われる昨今です。開設当初はマイナス二〇℃を下回る日が、年間一箇月以上あったのが、最近では一週間にも及ばなくなって来ているのです。地元に伝わる雪乞いの儀式を行って、あとは待機しかありません。降雪が始まるとスノーガンをフル稼働させて、大型重機による造雪作業が行われ、冬コースが順次完成し、寒冷地テストが開催されます。降ったら降ったで、ドカ雪ともなるとコースは閉鎖となり、テスト車の代りに何台もの除雪車がコースを走り回り、閉鎖解除に全力で対応します。まるでエアポートの滑走路除雪作業のようです。

シーズン終了間際は、スノーコースの延命に追われます。コース南面は日射で雪解けが早く、雪盛が急ピッチで行われ、北面の雪がなくなった時が、寒冷地テスト終了となります。温暖化による雪上コースの短命化は、自動車の短期開発競争において致命的となることもあり、その場合は南半球に助けを求めることになります。

未来において、自動車が存続するかどうかはわかりませんが、二一世紀の現在、自動車産業は岐路に立たされているのは間違いないでしょう。世界人口の減少、環境問題、エネルギー問題など地球規模の壁が立ちはだかっている中、各社は生き残りに向けて今後一層鎬を削ることになるでしょう。一方、シミュレーション技術やバーチャルリアリティの飛躍的な進化に、走行テストは必要がなくなり、会社にとって一番の金食い虫であるこのＰＧは、即刻閉鎖され敷地は売却。海外の投資家が投資目当てで購入するも、縦横無尽にアスファルト道路で敷き詰められた、広大な土地の有効利用の術はなく、放置され廃墟となり、衛星写真でみると、それはまるで二一世紀のナスカの地上絵でしょう。ＰＧの行く末はレガシーかそれともレジェンドか、どちらも日本が誇る名車であることに違いありません。

Proving Ground

5 防音・防振の技

音・振動を低減するには、発生源を対策するか伝播・伝達を防止するかですが、前者については発生源によりメカニズムが異なるため、後ほど各発生源別に解説することにして、ここでは後者の伝播・伝達防止について解説します。また音・振動はそれぞれ制御手法が異なり、音については騒音制御、振動については振動制御とし、電子制御によるアクティブ制御との三つに分類して紹介します。

騒音制御

音の伝播防止には、伝播経路の防音とエンジン吸排気音の消音があり、防音には防音材、消音には消音器を用いた対策を行います。

■防音（材）

防音の方法に遮音、吸音、制振の三つがあり、それぞれに対応した防音材を遮音材、吸音材、制振材と分類しています。

・遮音（材）

音は熱や光と同様に、壁に当ると反射するため、壁の反対側には音は伝わりにくくなります。音の伝播経路に壁や仕切りを設置し、音の伝播を遮ることを遮音といいます。音が反射する時、音は同時に壁を振動させて、壁で仕切られた反対側の空気も振動させるので、その音の一部が壁を透過することとなり、これを透過音といいます。この壁が頑丈だと透過音は小さくなり、脆弱だと透過音は大きくなりますが、穴や隙間があると当然遮音効果は低下します。

・吸音（材）

音の摩擦により熱エネルギーに変換し低減することを吸音といいます。吸音特性を有する材料を吸音材と呼び、フェルトやグラスウールなどの繊維状のものと、ウレタンなどの気泡状のものが存在します。吸音材には吸音率という性能指標があり、たとえばグラスウールであれば、繊維の材質、太さ、密度などに吸音率は左右されます。ウールは綿のような状態ですから、成型するためにバインダー（結合材）を加えたり、圧縮したり、シートやネットで包んだりすることで、吸音率は変化（低下）するので、使用に当っては吸音率への配慮が必要です。またこれらの吸音材の吸音率には周波数特性があり、低周波音には効果は期待できません。

・制振（材）

制振材は材料の伸び変形により、パネルの振動エネルギーを熱エネルギーに変換することで、パネル振動を効果的に低減します。とくに、鋼板パネルは振動減衰が

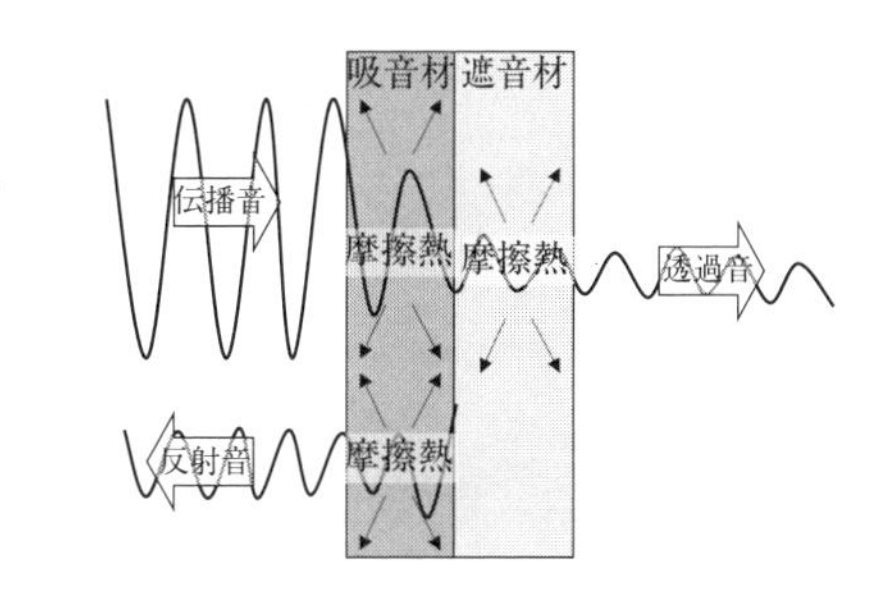

遮音・吸音メカニズム

低いため、この制振材は車体の多くの部位に適用されており、構造や材質および用途の違いで溶着タイプ、拘束タイプ、接着タイプなどに分類されます。溶着タイプは Melting sheet からその名をメルシートと呼ばれ、アスファルト系の硬い板状のものを、ホワイトボディのフロアパネルの上にジグソーパズルのように敷いて、量産ライン工程での焼付け乾燥炉の中で溶融し、パネルに密着させます。拘束タイプは、二重鋼板の中間に減衰シートを挟んだ構造で、制振鋼板やサンドイッチパネルと呼ばれ、温度の高くなるダッシュボードなどに適用されています。接着タイプは片面に接着材が着いたシートで、ルーフパネルやドアパネルなどに貼り付けて使用し、ＰＡシート（paste：糊の意味）や拘束層の付いたダンプシート（damping：減衰の意味）などがあります。制振材とは別に、車体の下回りにアンダーコートが塗布されますが、これはゴム系の塗料をスプレーするもので、石はねによる音や錆の防止のための処置です。

以上が防音材とそのメカニズムの説明ですが、つぎに、防音材の具体的な適用事例を紹介します。これらの防音材が主にキャビンを包み込むように構成されていることから、これを防音パッケージと呼び、車の静粛性を左右する重要な装備の一つとなっています。

・防音パッケージ

ほとんどの車の車体は鋼板で作られていますが、燃費競争が激化する中、薄くて強くて軽い鋼板が、日進月歩開発され（防音効果に関係なく）車体に採用されてき

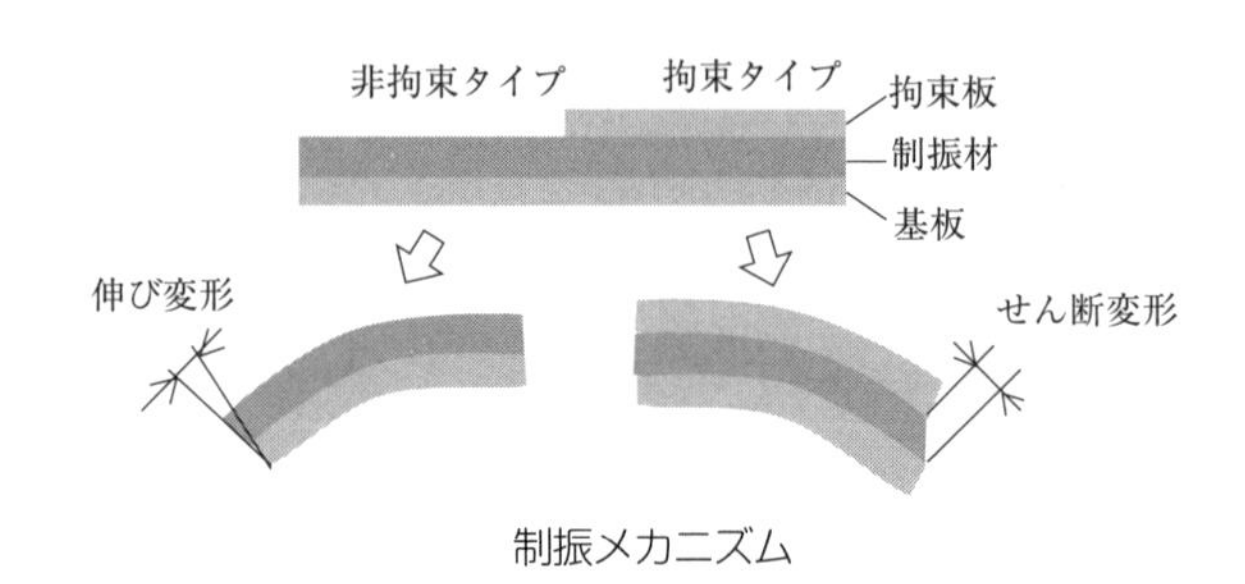

制振メカニズム

ています。そのため防音材にも当然軽量化が求められるわけですが、透過音を低減させるには、先ほど述べたように遮音材にはある程度の重さが必要となります。重さがあるほど遮音量が大きくなることを質量則といいますが、遮音と軽量の二律背反を打破するには、効率よい遮音設計以外に他ありません。つまり適材適所、何処に何をどれだけ適用すべきか、さまざまな音の事象を詳細に分析し、一デシベル一グラムを判断しなければなりません。

エンジンやタイヤからの透過音が大きい、ダッシュパネルやフロアパネルには、制振鋼板を適用したり、メルシートやダンプシート等の制振材を貼り、透過音を低減しています。さらに、その内側にはダッシュインシュレーターやフロアインシュレーターなど、窓ガラスを除きキャビンを取り囲むボディパネルのありとあらゆる場所に、防音材が適用されています。

最近の車のインテリアは、内装材や艤装材で鋼板はすべて覆われており、鉄板剥き出しのものはほとんど見かけません。そしてこれらの内装材などにも吸音材が貼付されていたり、内装材自体にあえて防音効果のある材料を用いたりもしています。たとえば、シートの中身は発泡ウレタンでできており、これ自体は吸音効果があります が、表皮がレザーなどで覆われてしまうと、その効果は低下してしまいます。しかしこの表皮にパンチングホールを空けて、ある程度の開孔率を確保し通気性を与えることで、シートの吸音率は大きく向上します。当然、乗員の背中やお尻の汗や蒸れ防止にも、効果が期待できるのは、いうまでもありません。

ルーフパネルはエンジンやタイヤからは離れていますが、トンネルや壁などの反射による音の回り込みや、ウインドノイズの透過などが考えられます。しかし最大の課題は、雨音対策です。トタン屋根を叩く雨音は想像を絶する凄まじいもので、会話はまったく成り立たず、対策をしないと自動車もまったく同じ運命です。そのためルーフパネルには制振材が貼付され、ルーフライニングとの間には吸音材が挿入されています。キャビンを占めるルーフの面積は大きく、乗員の耳の位置に近いため、ルーフ全体の防音特性は、キャビンの静粛性に大きく影響します。

さて残るはガラスです。自動車のガラスには強化ガラスと合せガラスの二種類があります。強化ガラスは割れると砕け散り原型を留めませんが、合せガラスは割れても原型を維持し、衝突時の頭部への衝撃も少ないため、防盗性や安全性の観点から有効です。合せガラスにすることで価格は高くなりますが、適用率は増加しつつあります。ガラスの比重は二・五で、フロントガラスの大きさが縦一m、横二m、厚み四mmとすると、それだけで二〇kgにもなります。したがって、ガラスは一般的に強度上問題のない必要最小限の厚さに設定されており、よほどの高級車か防弾ガラスでもない限り、ガラスの厚みを厚くするのは、重量制約の厳しい車種には困難です。

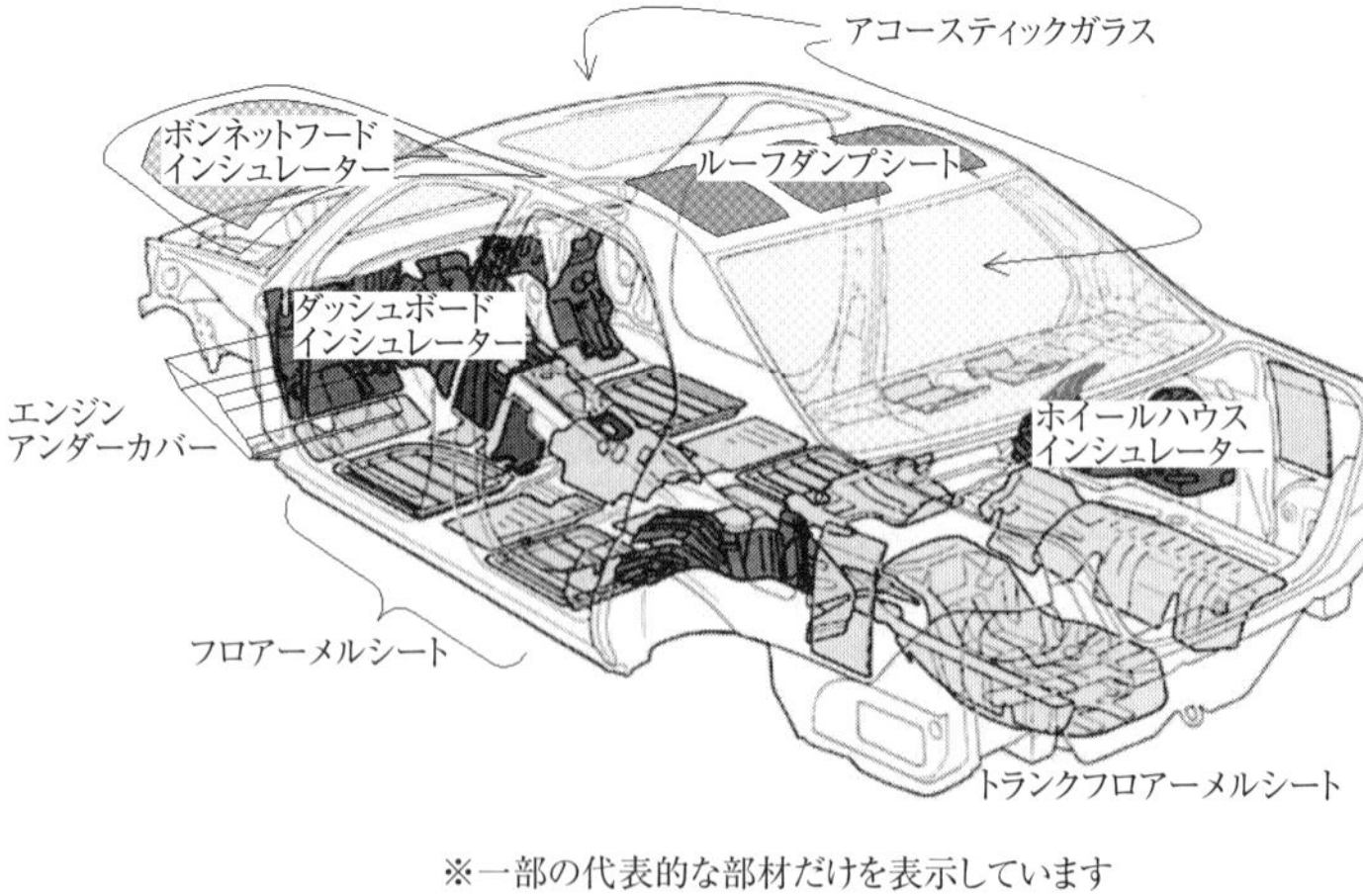

※一部の代表的な部材だけを表示しています

防音パッケージ例

透過音は音が壁を振動させてその振動が壁の向こうの空気を振動させて伝わるため、その壁の振動を抑えることが効果的であり、鋼板パネルには制振材を貼るわけですが、実はこの合せガラスにも制振材を貼る技術が存在します。合せガラスはその名の通り、粘着フィルムによって二枚のガラスを貼り合せています。このフィルムをダンピング特性のある材料に換えた合せガラスは、数キロヘルツ付近の共振周波数の振幅が大幅に抑えられます。透過音低減に有効で遮音性能に優れているため、アコースティックガラスと呼ばれています。高級車のフロントガラスをボールペンの先でカチーンと弾くと「カチッ」と響きのない音がします。価格は多少高くなるものの、重量が増加しないのは大いに魅力的です。

キャビン以外のエンジンルームやトランクルームにも防音材が適用されます。とくに、エンジンルームは、ボンネットやエンジンアンダーカバーも含めて、音響的にはエンジンエンクロージャーといい、この技術は車外騒音すなわち、環境騒音の低減にも有効な技術です。エンクロージャーをより効果的な防音性能にするために、鋼板パネルには吸音材（ボンネットフードインシュレーターやダッシュボードアウターインシュレーター等）が貼付されています。

■消音（器）

エンジンの吸気ダクトや排気管などの音の伝播経路に設置する、膨張、反射、共鳴などの現象で音を低減するためのチャンバー（空洞）のことを消音器といいます。英語ではサイレンサー、マフラー、レゾネーター（共鳴器）などといいますが、エンジンの吸排気のような流れを伴う機構の音の低減に有効な手法です。

エンジンの排気には、排気管を用い*サイレンサーを装着します。排ガスと排気音は排気管を通り、サイレンサーに入り膨張し出て行きますが、チャンバーに入る前と出た後で、排ガスの濃度には変化はありませんが、排気音は低減します。チャンバーの中で音は拡散し、音圧が下がります。その状態の音の一部がサイレンサーから吐出され、チャンバーに残った音は壁面で反射し干渉しあったり、熱エネルギーに変換され消音されます。

エンジンの吸気には、エアクリーナーや吸気ダクトが装着され、外気を吸い込むようになっていますが、吸気ダクトにはサイレンサーとして一般的に、レゾネーターを設置し、吸気音を低減しています。レゾネーターはネックとチャンバーで構成されていて、チャンバー部の空気がばねとなり、ネック部の空気がマス（錘）となって、共振現象を発生し、伝播音を吸収するダンパ作用が生じます。そのためレゾネーターの共鳴周波数では低減効果は大きく有効ですが、それ以外の周波数では効果は期待できません。（このレゾネーターは、物理学ではヘルムホルツ共鳴箱といわれています。）

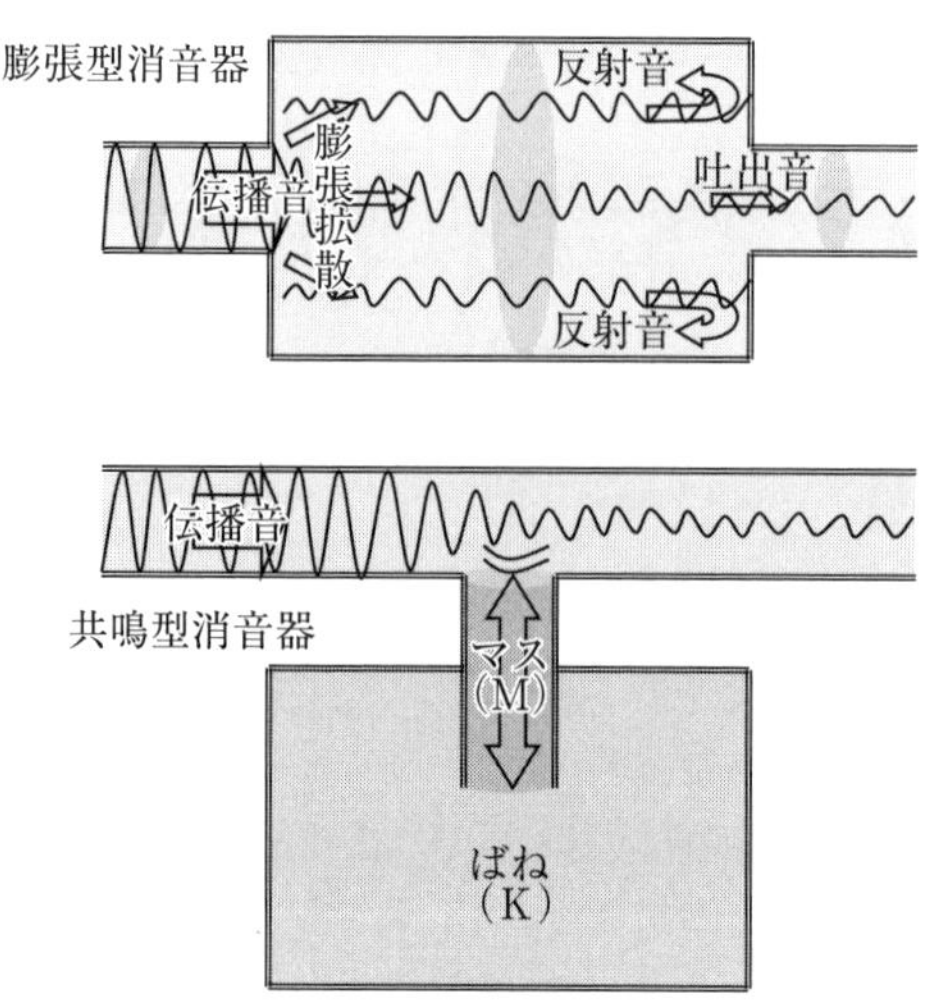

消音メカニズム

＊エンジン排気音の消音器をここではサイレンサーという。

振動制御

振動体や振動伝達経路の振動低減には、大きく二通りのアプローチがあります。一つは構造体の剛性操作により、振動モードを変化させて振幅を抑える手法です。

■振動モードと剛性

構造体は材料特性と形状によって剛性および強度が変化し、その構造体の振動モードも変化します。自動車ではボディをはじめ、サスペンションやエンジンからほとんどすべての部品にいたるまで、剛性や強度に対しての検討がされ、振動低減や強度耐久性向上を図っています。とくにボディは、エンジン振動やタイヤ振動などあらゆる振動が伝達され、ボディそのものが振動し、キャビンのNV性能を左右する構造体のため、パネルからフレーム、そしてフレーム結合からボディ骨格全体に至る、あらゆる振動モードを制御することが求められます。またボディ剛性はNV性能だけではなく、強度耐久性能はもちろんのこと、衝突性能やハンドリング・乗り心地性能にも影響するため、それぞれの要求性能に応じたボディ剛性が必要となり、軽量かつ高剛性なボディの開発には、高度なシミュレーション技術と多くの時間が費やされるのです。

■振動吸収装置

もう一つは振動の振幅や変位を吸収して、エネルギーを減衰させる手法です。そ

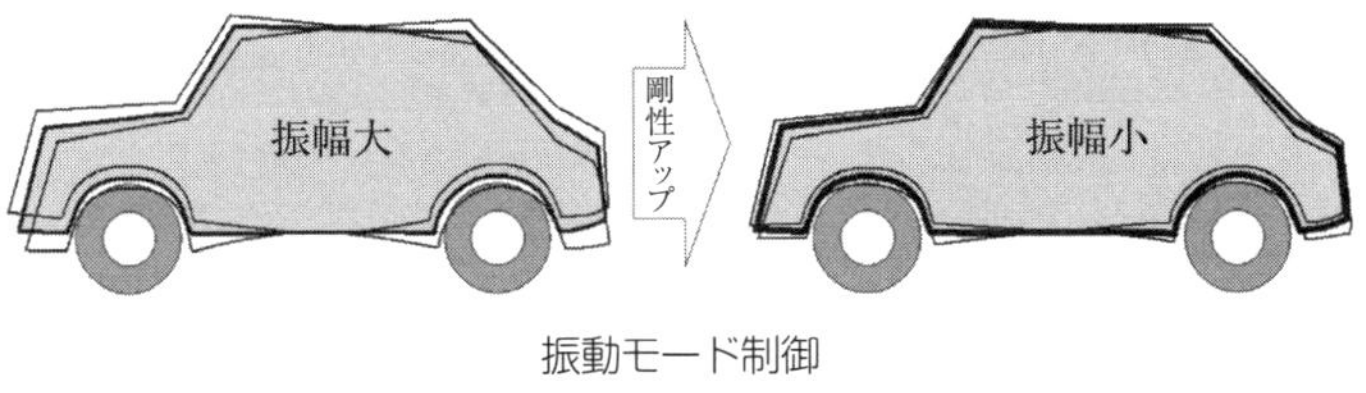

振幅大　剛性アップ　振幅小

振動モード制御

れにはばね（スプリング）、ダンパ、ゴムがなどの特性が効果的で、自動車の各部位に適用されており、それらの代表的な事例を少し詳しく解説します。

・サスペンションとタイヤ

サスペンションはコイルスプリングで変位を吸収し、ショックアブソーバー（ダンパともいう）でその吸収したエネルギーを減衰させます。それにより路面からの上下振動を低減し、乗り心地が改善されます。乗用車のサスペンションには、鉄棒をコイル状に曲げたコイルスプリングが一般的に適用され、コイルの太さ、巻き径、長さによってばね定数が決定されます。ばね定数は数値が大きいと硬く、ハンドリングには有利ですが、乗り心地には不利となり、数値が小さいと柔らかく、逆の効果が得られます。

ショックアブソーバーはシリンダーとピストンで構成されており、シリンダーにはオイルが充填され、ピストンにはオリフィス（流体を流す小さな孔）が設置され、ピストンの移動に伴いオイルがオリフィスを通過することで、エネルギーを吸収し減衰力が発生します。

タイヤは空気ばねとゴムの組み合せで、路面からの入力を低減します。ゴムの特性はばね特性と減衰特性の両方を備えており、内部摩擦は金属の一〇〇〇倍以上あるため、振動を熱エネルギーに変換することで、減衰力が発生します。

このようにサスペンションとタイヤは、路面からの振動を減衰することで、乗り心地とロードノイズに貢献しています。ラグジュアリーな乗用車には乗り心地と静

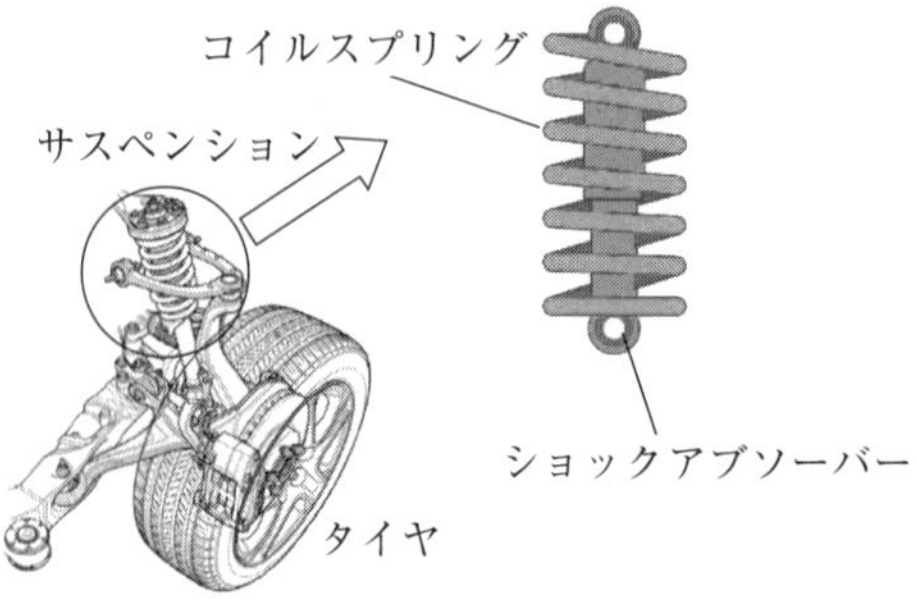

コイルスプリング
サスペンション
ショックアブソーバー
タイヤ

サスペンション

粛性重視で、ソフトなタイヤとサスペンションが設定され、スポーティな車にはハンドリング性能重視で、ハードな足回りが設定されます。しなやかにいなし、しっかり踏ん張る。言うは易し、行うは難しですね。

・ダイナミックダンパ

運動力学では、振動している部位にウエイトを付加することで、振幅が減少し振動が抑制されます。さらには、ウエイトをゴムでフローティングすると、ばねと質量の共振系となり、振動部位とウエイトが逆相に振れ、振幅を打ち消し合うため、共振周波数を設計することで、その周波数において高い制振効果が得られます。ウエイトだけのものをマスダンパといい、ゴムでフローティングしたものをダイナミックダンパといいます。

代表的な適用部位としては、サブフレームやドライブシャフトなどですが、これらのフレームやシャフトの共振がエンジン振動に励起され、キャビンにこもり音やエンジン音が伝達してしまうため、その周波数に合せたダイナミックダンパが適用されます。このダンパはたいへん便利な特効薬である一方で、コスト・ウエイトを上げる必要悪でもあるわけですが、近年、ＣＡＥ（Computer Aided Engineering）の進化により改善され、一台の車に三〇個以上あったものが、一〇個程度に減少してきています。

・エンジンマウント

自動車においてエンジンは最大の振動源です。その振動を遮断するために、エン

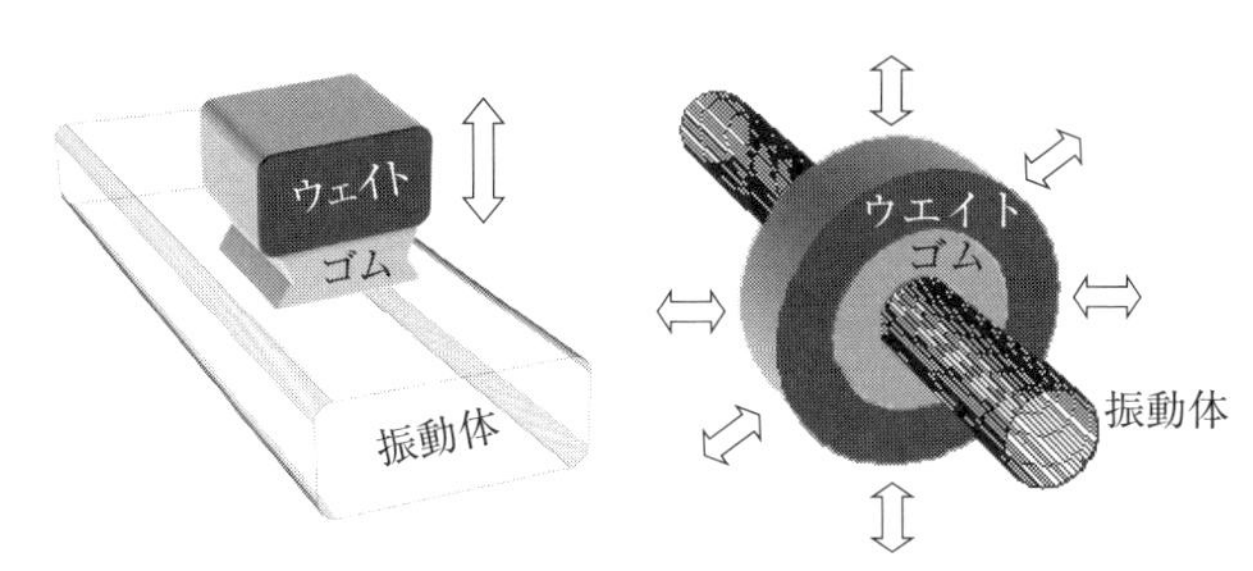

ダイナミックダンパ

ジンは複数個のラバーマウントによって支持されています。エンジン、ミッション、補機類が合体した鉄の塊（以下パワープラントと称します）の重量は二〇〇kgをこえるため、その重心をしっかり支持する必要があります。

まずは、エンジン出力を伝えるために、エンジントルク反力を抑えることが重要です。アクセルペダルを踏んだ時に、トルク反力を受け止められずにエンジンが大きく揺れると、発進がワンテンポ遅れてしまいます。

次は、急ハンドルを切った時に、横方向の力が発生しますが、その力はタイヤからサスペンションに伝わり、車体を横方向に動かし、そのとき同時に車体からエンジンマウントを介して、エンジンも動かします。ゴムが必要以上に柔らかいと、横方向の力がエンジンに伝わるのが遅れてしまうため、車体が横に向かってもエンジンが一瞬おいてきぼりになってしまい、重量物があとからついてくるため、シャープなハンドリングにはなりません。

さらには、タイヤからの上下振動は前述したように、タイヤとサスペンションで減衰し車体に伝わりますが、その車体振動はエンジンマウントを介してエンジンを揺するため、エンジンが質量でエンジンマウントがばねの振動系共振が発生すると、小さな上下入力でも振動が増幅し、乗り心地の悪化が発生します。以上の要求性能を踏まえた上で、エンジンマウントの振動遮断性能を確保する必要があります。

硬過ぎず、柔らか過ぎずだけでは成り立たないため、いろいろな性能機能がエン

ゴムとラバーは同じ意味で使われているけど、ゴムは材料として、ラバーは加工品として使い分けているのよ。ゴム製のマウントがラバーマウントあるいはマウントラバーということになるわけ。

ジンマウントには備わっています。

まず、エンジンマウントのレイアウトについては、パワープラントの質量重心を支持するポジションが一般的ですが、ＦＦ車の横置きエンジンにおいては、駆動トルクが加わる方向の慣性主軸を支持する位置に設置することが、アイドリング状態の振動低減に有利とされ、低価格で軽量を重要とする大衆車に多く採用されています。また欧州の小型車には発進や加速のトルク反力をしっかり支持するため、ペンデュラム（振り子）タイプのマウントレイアウトが採用されています。

次にゴムの特性についてですが、よく知られているゴム硬度は、ゴムの表面的な硬さ・柔らかさを表すもので、ゴム全体のたわみを表すのはばね定数になります。このばね定数はコイルスプリングの場合と同じ定義ではありますが、ゴムの場合はこれを静ばね定数と呼びます。それに対し動ばね定数という特性がゴムには存在します。エンジン振動のように動きの速い場合のばね特性は、周波数に依存して変化します。振動低減にはこの動ばね定数が低い方が有利で、静ばねを下げずに動ばねを下げる、つまりエンジンをしっかり支持して、かつ、エンジン振動を伝え難いエンジンマウントとなり

エンジン駆動方式	マウント方式	マウントレイアウト
縦置きFR Front engine Rear drive	重心支持	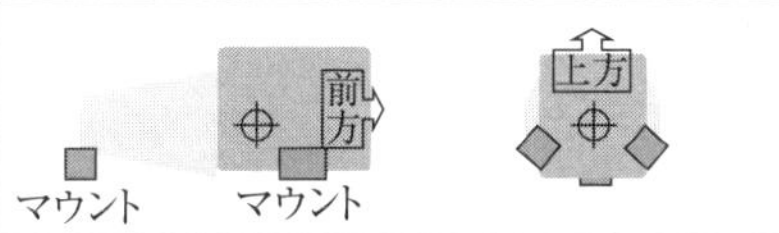 前方 / 上方 / マウント / マウント
横置きFF Front engine Front drive	重心支持	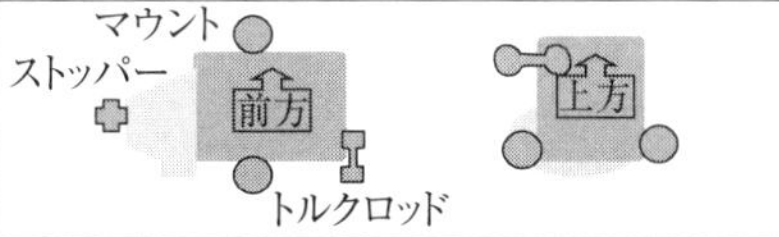 マウント / ストッパー / 前方 / トルクロッド / 上方
	慣性主軸	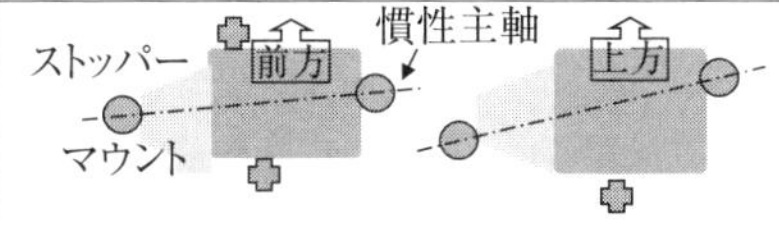 ストッパー / 前方 / 慣性主軸 / マウント / 上方
	ペンデュラム	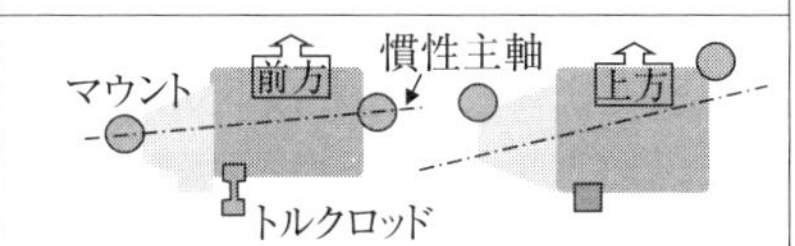 マウント / 前方 / 慣性主軸 / トルクロッド / 上方

エンジンマウント方式

ます。ただし、このゴムは減衰力が低いため、パワープラントの共振周波数付近では乗り心地などが悪化してしまいます。その対策として開発された液封マウントは、オリフィスを通過する液体の抵抗により、減衰力を発生させるメカニズムになっており、乗り心地の悪化防止に効果的です。またこれをさらに高機能化した、電子制御のElectric Control Mount（ＥＣＭ）、究極の制御技術のActive Control Mount（ＡＣＭ）と、進化がエスカレートしています。振動対策もここまで来たかと思われるかもしれませんが、実はＡＣＭは振動対策ではなく燃費対策なのです。続きは、次の「アクティブ制御」で説明します。

	コンベマウント	液封マウント	電子制御マウント	アクティブマウント
アイドルＮＶ	△	○	◎	◎
走行音	△	△	○	◎
乗り心地	△	○	◎	◎
構造	エンジン ゴム ゴム ボディ		ECU BAT	ECU BAT

エンジンマウント種類

Dr.Noiseの解説――環境適合性テスト

自動車は道路さえあれば赤道直下から北極圏まで、世界中何処へでも走って行けるため、そこでの品質を保証するには、発生しうる極限の環境下での耐久テストが行われるんじゃ。この環境適合性テストは酷暑テストと極寒テストに二分されるが、暑さと寒さを求めて地の果てで実施されておる。

日本車は北米がメインマーケットであったことから、酷暑テストはデスバレー、極寒テストはアラスカで行われて来たそうじゃ。その後、アジア、中東、アフリカなど途上国へと市場が拡大され、ある時ドバイで、エンジンマウントが溶けるという問題が発生し、それ以降はドバイで、酷暑テストが行われているようじゃ。わしはドバイへは行ったことはないが、デスバレー（死の谷）よりも凄い、灼熱地獄のようなホットな街なんじゃろうのぅ。

エンジンルームの部品は高温に晒され、中でもエンジンマウントのようなゴムや樹脂部品への熱ダメージは致命的となってしまう。たとえ万が一、ゴムや樹脂が溶けたとしても、排気管には絶対付着しないように設計する必要があり、発火はまさに致命的じゃな。逆に極寒地では液封マウントが凍結するという事態になりかねんが、不凍液が注入されているのでご安心下され。

アクティブ制御

電子制御が自動車のコントロールシステムに初めて取り込まれたのが、キャブレターに変って登場したＥＦＩ（電子燃料噴射）システムです。その後、オートマティックトランスミッション（以下ＡＴ）、パワーステアリング、ＡＢＳ（Anti-lock Brake System）、エアバッグなど、あらゆるシステムが電子制御となりましたが、近年さらに進化した能動制御（Active Control以下ＡＣ）技術が導入され、高性能で快適な装備が適用されています。自動車における代表的なＡＣ技術として、アクティブサスペンションがあります。レーダーやカメラと連動し、遠方の路面のわずかな凹凸もとらえ、アクチュエーター（制御装置）でサスペンションを伸縮させて、タイヤがその凹凸を乗りこえるときの衝撃を吸収する、まるで魔法の絨毯に乗っているような車もあります。このＡＣ技術は、音・振動にもたいへん有効な技術です。

「毒を以って毒を制す」ように「音を以って音を制す」。つまり同じ音の位相を、一八〇度ずらして干渉させると、打ち消しあい消音する、という理論に基づいた制御で、これをActive Noise Controlまたは、Noise Cancelingといいます。

エンジン振動や排気音の、主に爆発一次成分の音（三〇～二〇〇Hzの周波数付近）は、キャビン内でこもり音として発生することがありますが、このこもり音はキャビン空間において、乗員の耳位置の音圧が高くなる定在波モードを形成すると、圧迫されるような不快な音となります。そこで乗員の耳位置付近の音を、マイクロホンでキャッチして、オーディオシステムのスピーカーから、その同じ音を発し、乗員の耳位置付近で発生している音と干渉させます。この時、スピーカーから発した音は、乗員の耳位置付近で発生している音に対し一八〇度位相がずれて、同等の音圧になるように制御すれば、乗員の耳位置付近の音は打ち消しあって消すことができるのです。このシステムはNoise Cancelingと同時に、スロットル開度（アクセルペダルの踏み加減）とエンジン回転に同期して、軽快なエンジン音をスピーカーから発生させて、スポーツカーのような音の演出も可能にしています。アクセルペダルを強く踏み込むと「ウォーン」と唸るような音がスピーカーから流れ、ゆっくり踏み込むと、Noise Cancelingの効いた静粛なキャビンが実現できるのです。このシステムをActive Sound Controlといいます。

次に、この応用技術を紹介します。パワーと燃費を両立させるために、六気筒エンジンなどにおいて、気筒休止という技術があります。加速する時は六気筒で運転していますが、一定速度で巡航する時は二気筒が休止して、残りの四気筒で運転します。こうすることで、六気筒並のパワーと四気筒並の燃費が実現するわけですが、実は副作用が発生します。六気筒エンジンは四気筒エンジンより、回転がスムーズで振動が少ないことが定説ですが、等間隔で爆発している六気筒のうち、二気筒が休止すると、残りの四気筒の爆発は等間隔爆発とはなりません。つまり、不

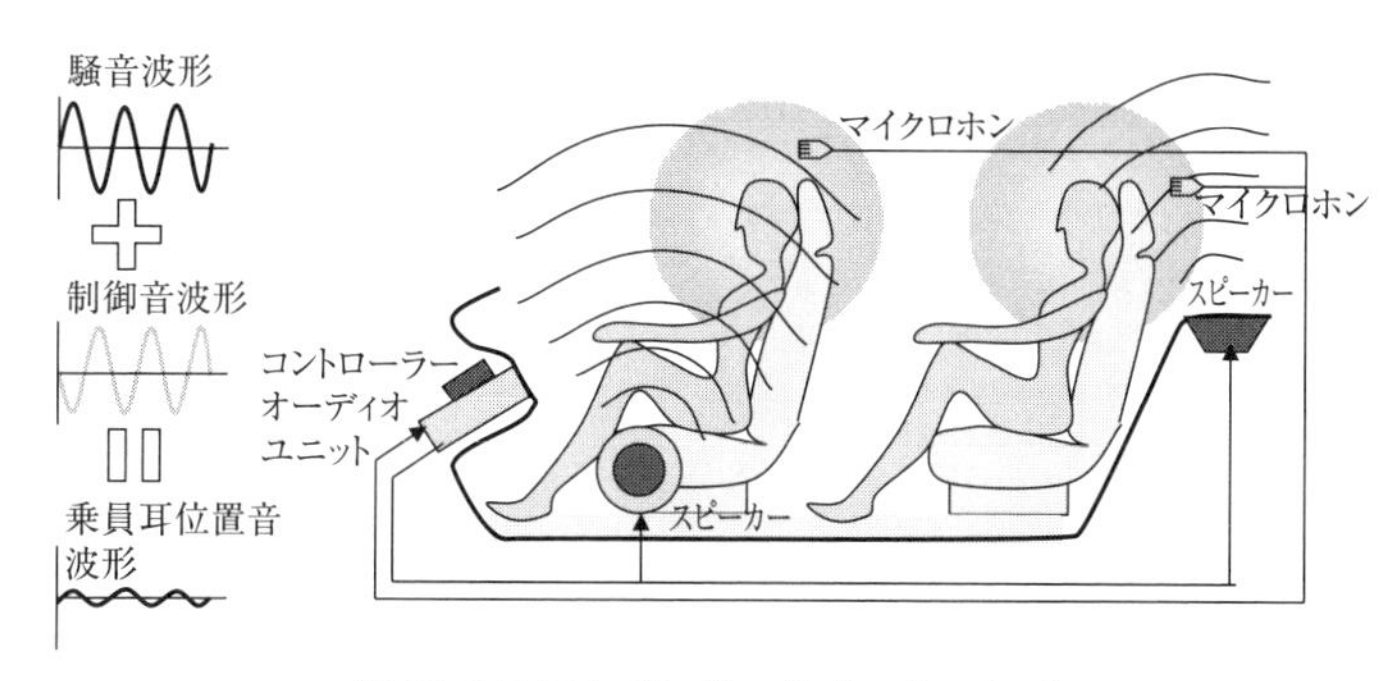

ANCシステム（Active Noise Control）

整脈が生じるのです。この時の音・振動は一般的な四気筒エンジンよりもラフで不快なため、この副作用を抑えるのにＡＣ技術が処方されます。

エンジンは車体のフレームに搭載されていますが、ゴムマウントを介して設置されていて、エンジン振動を遮断しています。このエンジンマウントにＡＣ機能を付加した、Active Control Engine Mountを適用することで、不整脈振動をほぼ完全に遮断することが出来ます。しかしこれだけでは振動は改善されますが音が残り、この不整脈は完治しません。もう一つの伝達ルートが排気音です。当然排気音も触媒やサイレンサーで消音されていますが、不整脈には充分ではありません。

話はそれますが、実はＡＣ技術は、排気系のような閉空間を伝播する音の低減にはたいへん効果的です。さらには、従来の排気抵抗をなくし、エンジン出力アップを図ることができるのが、理想的なＡＣサイレンサーなのです。約三〇年前、ＡＣ技術の自動車へのトライは、排気系から始まりました。音響実験結果は良好で即座に完了し、試作段階へと進みますが、ほとんどの技術者はここでギブアップです。排気管内の環境は最悪で、高温度、高速流、高圧力、高振動、これらの環境条件下で一〇〇、〇〇〇km走行を保証する、マイクロホンやスピーカーがこの世に存在しないことに気付くのです。

話は戻って、サイレンサーから排出された不整脈音は、空気伝播でキャビンに侵入してきます。しかしこの不整脈排気音は、先ほど述べたActive Sound ControlでキャンセルIし、乗員は静かなクルージングとスポーティなＶ６サウンドを満喫できるのです。走りよし、燃費よし、音よしのこんな車に乗ってみたいと思いませんか？

最後に、ハイブリッド車に用いられているＡＣ技術を紹介します。ハイブリッド車は、通常はアイドリングストップやモーター走行を行うため、アイドリング時のエンジン振動は発生しませんが、エアコンが稼動している時や、メインバッテリーの残電量が減少し、充電が必要になった時には、アイドリングストップが解除される場合があるため、振動が発生します。走行中は路面からの振動などの影響で、エンジン振動の特定はほとんど困難ですが、アイドリング時のエンジン振動はわかりやすく、不快感を与えます。

そこでハイブリッド車のモーターにより、アイドリング時のエンジンの爆発で発生する、回転軸のトルク変動に対して、逆方向に同じタイミングでモータートルクを作動させ打ち消し合い、振動を抑えることが可能となります。このＡＣ技術を制振制御といいます。この制振制御技術は、制御プログラムを少し書き加えるだけの、追加のハードウェアがまったく不要な、グッドアイデアではありますが、モーター作動には電力が必要です。アイドリングストップをして燃費を稼ぐ一方で、アイドリングストップしない時には、微少ではありますがモーター電力を消費します。見方によっては本末転倒とも思われますが、この時モーターはエンジンのエネルギー吸収も同時に行っています。これによって消費電力は、最小限に抑えられているのです。

ハイブリッド車やＥＶでは、モーターが駆動する時は電力を消費するけど、逆に駆動を受けるときは発電して電力をバッテリーに逐電するのよ。この吸収したエネルギーを回生エネルギーといって、減速回生や回生ブレーキがよく使われる技術用語なので覚えておいてね。走っている車の運動エネルギーを、ブレーキで熱エネルギーに変換して減速する時に、モーターでもエネルギーを吸収し充電することで、ハイブリッド車やＥＶの燃費が良くなる技術よ。

音・振動は、熱エネルギーに変換され減衰し自然消滅しますが、その対策はタダでは済まず、コスト・ウエイト・エネルギーが必要なため、エコのためには、少しは我慢が必要かもしれません。

6 車の音源ビッグスリー

エンジンノイズ

自動車の最大音源はエンジン、すなわち内燃機関です。内燃機関とは、その名の通り燃料を機関の内部で燃焼させ、燃焼ガスを直接作動流体として用いて、その熱エネルギーによって仕事をする原動機をいいます。これに対して、燃焼ガスと作動流体が異なる原動機を外燃機関といいます。自動車に搭載される内燃機関は、吸入、圧縮、膨張（爆発）、排気の四工程の作動を、繰り返し行うことで動力を発生させる、容積型と呼ばれる内燃機関ですが、さらに、機構や構造の異なる種類に分類され、燃焼室の数（気筒数）やサイズ（排気量）の違いがあり、それぞれが車のジャンルや性格に適した性能となっています。その性能の一つが音・振動ですが、発生するＮＶもそれぞれ異なるため、自動車のエンジンをＮＶの観点で分類すると、先ずはガソリンエンジンとディーゼルエンジンに二分されます。

ディーゼルエンジンには軽油を使用しますが、軽油はガソリンに比べ発火温度が低く、圧縮着火（自己発火）させることで、圧縮比を高くすることが出来ます。圧縮比が高いということは、爆発のピストンを押し下げる力がその分増大し、燃焼効率が上がりトルクや燃費がアップします。ピストンの力の増大はＮＶ悪化となり、ディーゼルエンジンはうるさくて振動が大きいのですが、エネルギー効率が良く、トラックに向いていて、ガソリンエンジンはエネルギー効率は低いのですが、静かで振動が少なく、乗用車に向いているわけです。両者にはこのように生れや育ちの違いこそありますが、最近ではガソリンエンジンも直接燃料噴射システムの採用で圧縮比がアップし、エネルギー効率がディーゼルに近づき、ＮＶ低減技術の進化により、ディーゼルエンジンの音・振動もかなり改善され、どちらも乗用車に搭載されてきています。

次に、ガソリンエンジンにおける分類としては、レシプロエンジン（往復運動機関あるいはピストンエンジンとも呼ばれる内燃機関の一形式）とロータリーエンジンの二つがあります。レシプロエンジンは、シリンダーの中をピストンが往復して爆発燃焼エネルギーを発生させ、クランクシャフトで往復運動エネルギーを、回転運動エネルギーに変換しています。一方ロータリーエンジンは、ハウジングの中をローターが回転して爆発燃焼エネルギーを発生させ、その回転運動エネルギーを、リングギヤでそのままエンジンシャフトに伝達しています。両者においては、圧縮比などのエネルギー効率の違いはあるものの、爆発のピストン往復運動により発生する振動は、ロータリー回転運動のそれよりも大きく、ロータリーエンジンは振動の

	ガソリンエンジン	ディーゼルエンジン
燃料	ガソリン	軽油
引火点（℃）	＜～43	40～70
発火点（℃）	300	250
圧縮比	9～13	17～23
熱効率（％）	30	40

燃料燃焼特性比較

カテゴリー	気筒数	排気量
軽自動車	3～4	～660
普通車	3～6	900～3 000
高級車（スポーツカー）	6～10	2 500～
スーパーカー	6～12	3 500～

乗用車カテゴリーのエンジン
（気筒数と排気量の目安）

少ない、滑らかに回るエンジンであるといえます。

Dr.Noiseの解説――ロータリーパワー

わしの初めてのマイカーが、一九七一年製のロータリー車だったんじゃ。その加速フィールに敵はなしと思うくらい、アクセルを踏み込むと、あっという間にレッドゾーンに達する、パワフルでスムーズなエンジンじゃった。がその分燃費は悪く、アルバイトに明け暮れ、学業が疎かになってしまってのう。当時は今のように燃費の悪さは社会悪ではなく、むしろステータスで、ロータリー車全盛期じゃった。

ある日のこと、友人にその車を貸したところ、午前に一回、午後に一回、一日二回スピード違反の赤紙を切られたと、車のせいだといわんばかりに嘆いていたことがあった。どのような車であろうと、自動運転の*レベル3までは、すべての責任はドライバーにあるんじゃ。ちなみにわしには、スピード違反の履歴はないぞ・・・・国内ではのぅ!

＊自動運転の定義として、自動化のレベルをレベルゼロからレベル5までの六段階とし、数値が大きいほど優れた制御を示しており、レベル3までは「事故時の責任はドライバーにある」としている。

レシプロエンジンには一般的に2サイクルエンジンと4サイクルエンジンがあります。ピストンが上下に動くことをストロークといいます。このピストン運動の片道を1ストローク、往復で2ストロークと数えます。2サイクルエンジンは、吸入、圧縮、燃焼（爆発）、排気の四工程（1サイクル）を、2ストローク一回転で完結します。一方4サイクルエンジンは、1サイクルを、4ストローク二回転で完結します。したがって、2ストロークサイクルエンジン、4ストロークサイクルエンジンが適正ない方ですが、日本語では2サイクルエンジン、4サイクルエンジンと呼ばれており、ちなみに、英語では、Two stroke engine、Four stroke engineが一般的呼び方です。

2サイクルエンジンは、工程が短縮されていて構造がシンプルなため、コスト・ウエイト面では4サイクルに比べ有利ですが、その分エネルギー効率が劣り、四輪自動車には採用されなくなっています。

さて、エンジン音は、エンジンが起振源となって発生する音ということで、いくつかのメカニズムに分類され、さらには発生現象に分類され、数種類の音が同時に聞こえてくるわけですが、一般的には、吸・排気音も含めたこれらの数種類の音を総称して、エンジン音といいます。

車体の大きさや走行性能に応じて、排気量や気筒数が異なりますが、4サイクルエンジン音の主たる周波数は、爆発基本次数となり、三〇〇〇rpmで運転しているエンジン音の主たる周波数は、三〇〇〇rpmは一秒では五〇Hzですから、大衆車の四気筒では、二倍の一〇〇Hzで回転二次となり、高級車の六気筒では三倍の一五〇Hzで回転三次となります。

同じ排気量であれば、気筒数の多いほうが、一気筒当りの排気量が小さくなるので、爆発によるNVも小さくなり、その周波数も高くなるため、気筒数の多いエン

ほんとはエンジン音って、吸・排気音が雷鳴のような大音量を発生するんだよ。とくに排気音は爆発音が連続して放出されるので、鼓膜が破れるほどの大きな音なんだ。でも完成車の吸・排気音は消音器の装着により減音されていて、ここではその状態の音をエンジン音というんだ。

ジンの方が、スムーズで軽快なフィーリングを与えます。そのため一般的な四気筒よりも気筒数の多いエンジン音は、Ｖ６サウンド、Ｖ８サウンド、Ｖ10（ブイテン）サウンド、Ｖ12サウンドなどと呼ばれています。ちなみに多気筒エンジンでは、シリンダーが直列に並ぶと長さが伸びてしまうため、シリンダーをオフセットさせる構造のＶ型エンジンが主流ですが、水平対向エンジンも存在します。

レシプロエンジンではピストンの上下運動による慣性力と、爆発ガス圧によるピストンを押し下げる力の合成により、主たる振動が発生します。この振動もエンジン音と同様に、爆発基本次数が主たる周波数となりますが、エンジンがアイドリング（七八〇rpm）からレッドゾーン（六〇〇〇rpm）まで回転すると、この振動周波数は四気筒で二六～二〇〇Hz、六気筒で三九～三〇〇Hzでスイープするため、各部品や車体構造の共振を励起し、車内に振動やこもり音を発生させ問題となり、対策が必要となる場合が生じます。

ピストンの慣性力を相殺するため、クランクシャフトにはバランスウエイトを付加し、爆発ガス圧はクランクのトルク変動を発生させるため、フライホイール（クランクシャフトの端部に取り付けられたはずみ車）を装着して振動源での低減を図ります。

エンジン本体と付属した補機類や部品類には、共振対策として取り付け剛性アップが図られます。とくに、エンジンブロックとミッションケースの結合は、

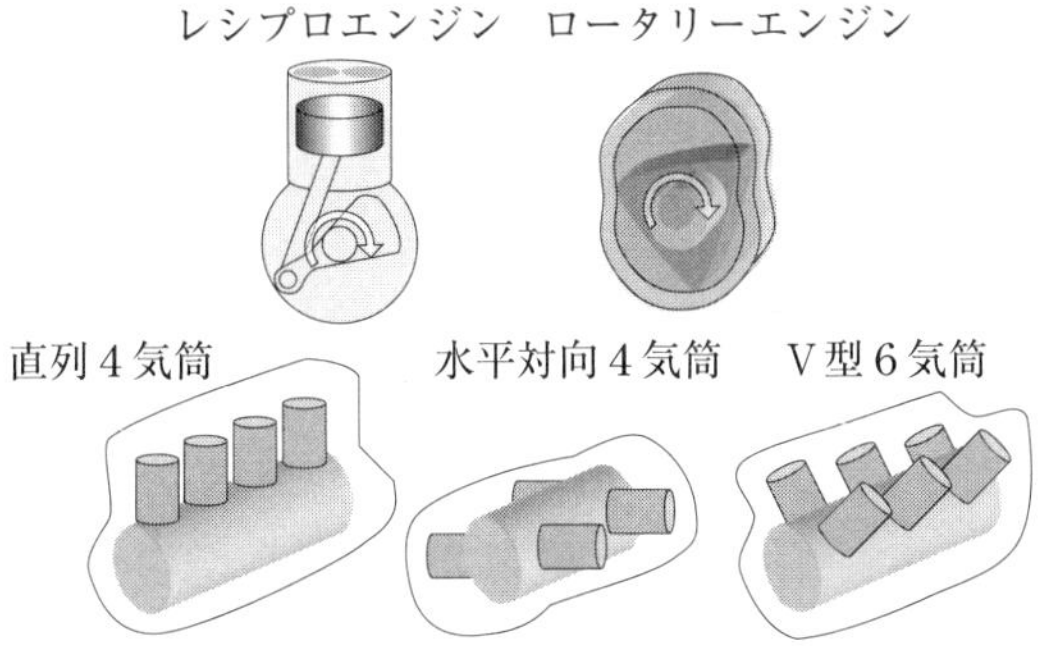

レシプロエンジン　ロータリーエンジン

直列４気筒　水平対向４気筒　Ｖ型６気筒

エンジン形式（イメージ）

曲げモード固有値が*上限周波数にかからないように、剛性を確保する必要があります。これらエンジンシステムの振動は、エンジンマウントを経由することで減衰され、車体へ伝達されて、音や振動として乗員に伝わってゆきます。

ここまで、爆発基本次数周波数のNVについて説明してきましたが、爆発衝撃や燃焼によって、エンジン本体からは広い周波数帯域で音・振動が発生します。またさらに、動弁系、ピストン系、クランク系、燃料系などの金属部品の干渉により生じるNVが発生しますが、動いている以上音が出るのは当然で、消すことは不可能ですから、それらの音・振動には部品やシステムとしての許容基準が設定され、スペックとして定められています。

自動車の最大音源であるエンジンに代って、モーターが搭載されると、音の世界は大きく変ります。モーターも動力源ですから作動音や回転振動は発生はしますが、きわめて小さいためエンジンNVと比較すると、無音、無振動といっても過言ではありません。心に響くエンジンサウンドは存在しても、モーターサウンドは存在しません。しかし何処へ行っても車の溢れる昨今、静かな方が喜ばれるのは火をみるよりも明らかでしょう。ただ、静か過ぎて困ることもあって「電動車両には車両接近通報装置を装備する」というルールが新たに設定されました。さて、車の音の世界はどのように変って行くのでしょうか。

・アイドリング時の音・振動

車が停止している時に、エンジンが作動している状態がアイドリングですが、

*最高エンジン回転数の爆発基本次数（六〇〇〇 rpmでは四気筒は二〇〇Hz、六気筒なら三〇〇Hz）

ロードノイズやウインドノイズや走行振動がまったくない静寂の中で、エンジンだけが回っているわけですから、その音・振動が気になるのは当然のことです。低回転でのエンジン騒音は音圧が低く、さほど問題にはなりませんが、ピストンの爆発工程におけるクランク軸のトルク変動が大きく、低周波の振動とそれに起因するこもり音が発生します。

アイドリング回転のエンジン爆発基本次数周波数は、四気筒では二五Hz付近となり、この低周波振動がクランク軸のトルク変動として発生します。この振動はエンジンマウントで減衰し、車体に伝達するわけですが、トルク変動の伝達低減には、慣性主軸のマウントレイアウトが有効です。エンジンの慣性主軸上にエンジンを挟んで二点で支持し、前後に一ないし二箇所、ストッパーを設置します。このマウント位置は、エンジンのトルク中心となるため、トルク変動の振幅は小さく、さらに、その振幅の方向はマウントラバーに対しせん断方向となり、せん断方向のばね定数は圧縮方向に比べ低くなるため、車体に伝達されるトルク変動が効果的に低減されます。

大衆車の大半がＦＦエンジン横置き搭載タイプですが、車体のフロントノーズでエンジンがキャビンを揺すっていると想像して

<table>
<tr><th colspan="2">メカニズム分類</th><th>発生現象分類</th><th colspan="2">主に感じる音・振動</th></tr>
<tr><td>爆発慣性</td><td>ピストン慣性力と爆発ガスのピストン圧力合成が励起する振動</td><td rowspan="9">爆発基本周波数
高次成分
打撃・干渉
伝達系共振</td><td rowspan="4">車内音</td><td rowspan="4">アイドルＮＶ（低周波）こもり音
エンジン音</td></tr>
<tr><td>吸気系</td><td>吸気バルブが開き空気を取り込み、この時発生する圧力変動</td></tr>
<tr><td>排気系</td><td>排気バルブが開き燃焼ガスを吐出し、この時発生する圧力変動</td></tr>
<tr><td>補機類</td><td>エアコンコンプレッサー、発電機、スターターモーター等の音・振動</td></tr>
<tr><td>動弁系</td><td>バルブの開閉に伴う音、カム、タイミングベルト、チェーン回転音</td><td rowspan="5">車外音</td><td rowspan="5">エンジン音
吸気音
排気音</td></tr>
<tr><td>ピストン系</td><td>ピストンがシリンダーと当たったり擦れたりする音</td></tr>
<tr><td>クランク系</td><td>クランクの上下動によるメタル打音</td></tr>
<tr><td>燃料系</td><td>燃料噴射インジェクター音</td></tr>
<tr><td>その他</td><td>エンジンヘッド、ブロック、オイルパンなどのケーシング放射音</td></tr>
</table>

エンジン音の分類

下さい。車体の振動モードには、曲げやねじりといった固有モードがありますが、アイドル振動では曲げ固有値の影響が大きく、アイドリング回転の爆発基本次数周波数に対し、車体剛性を上げ、曲げ固有値を高くシフトさせて、共振現象を回避し振動低減を図ります。

少々古い話になりますが、振動周波数に同期させて光を振動体に照射し、振動モードを可視化する、ストロボスコープという解析技術があります。これにより、問題となる振動モードがどのようになっていて、どこが曲がっているか、どこが弱い（剛性が低い）かが、その場で見てわかるのです。ディスコでこのストロボスコープが使われるようになったのも、ダンサーの動きを解析するためかもしれません。

アイドルNVで問題となる事象の一つに、ステアリング振動があります。ステアリングは、ダッシュボードからオーバーハングして設置されているため、共振現象が生じやすい構造となっており、アイドリング時の低周波振動により大きく振れるため、ストロボスコープでみると、まるでチルトステアリングのカタログ写真のようです。さらに、ステアリングコラムから飛び出しているウインカーレバーが共振すると、レバーの先端が大きく振れて、アイドル振動でウインカースイッチが勝手に入ってしまうこともあるほどです。

さてここで、特筆すべき対策技術をご紹介します。車体の曲げモードにおいて有効な対策手法の一つが、ラジエーターのフローティング構造です。ラジエーターに

車のアイドリング時の音・振動現象を、業界では通称アイドルNVと呼んで、重要課題としてるんだって。「ナンテッタッテアイドル」なんちゃって！本書でもアイドリング時の音・振動をアイドルNVやアイドル振動と表現しています。

チルドステアリングのカタログイメージ

は冷却水が入っており、それを含めたシステム重量は、低周波のダイナミックダンパに有効な重い質量となり、ラジエーターをラバーフローティングして、振幅の大きい車体先端に設置することで、アイドル振動を効率良く低減することができるのです。

アイドルＮＶをもっとも顕著に感じるのは、ＡＴ車でＤレンジに入れてエアコンが作動して、アイドリングで停止している状況です。ＡＴ車はトルクコンバーター（エンジントルクを流体を用いて変速機に伝える装置）によって動力が伝達されますから、アイドリングでシフトレバーをＮからＤレンジに入れると、車はゆっくり走り出します。Ｄレンジに入ると、エンジンはトルクコンバーターに仕事をさせるため、その反力がエンジンに作用します。さらに、エアコンコンプレッサーの仕事が加わると反力は増大し、トルク変動が増加します。ボンネットを開けてエンジンの動きをみると、エンジンが少し後方（トルク反力方向）に傾き、振幅が大きくなるのがわかります。このぶるぶる震えて見えるのがトルク変動です。

近年燃費対策で、アイドリングストップシステムが装備されているので、このアイドルＮＶに遭遇する頻度は減少しましたが、エンジン停止時はエアコンが効かなくなるため、アイドルＮＶが増加するエアコン運転中は、アイドリングストップしない設定になっているシステムもあります。一方で頻度が減少した分、遭遇した時に振動をより大きく感じてしまうような、厄介な感性が人間側の特性としてもありますす。エンジンが元気なうちは、このアイドルＮＶ対策は手が抜けない重要技術なのです。

ロードノイズ

路面入力による音を総称してロードノイズといいますが、発生メカニズムの違いにより、ドラミング、ロードノイズ、パターン（ピッチ）ノイズを区別しています。これらの事象はタイヤが路面を転がる時に、タイヤと路面の干渉によりタイヤが振動して音となり、直接車室内に空気伝播するものと、タイヤの振動がホイール、サスペンション、ボディを固体伝播する、二通りの伝達経路があります。

パターンノイズは、タイヤの回転によりタイヤの溝が路面で塞がれ、密閉され圧縮された空気が、解放される時に音となります。トレッドパターンには、リブ型パターン、ラグ型パターン、ブロック型パターンなどがありますが、乗用車ではリブ型パターンもしくは、リブとラグの複合形状のリブラグ型パターンが一般的で、パターンノイズには有利な形状となっています。このパターンノイズは、トレッドパターンのピッチによって発生することから、ピッチノイズともいわれ、その周波数特性は、ピッチ数にリンクし車速に伴ってシフトするため、高速になるにつれて周波数がアップします。

一方ロードノイズは、タイヤ自身の固有振動が主成分の周波数となるため、車速

パターンノイズ発生メカニズム（イメージ）

上昇に伴いタイヤが路面から受ける衝撃は大きくなり、音圧はアップしますが、主成分の周波数は変化しません。また、低周波のこもり音現象をドラミングといい、サスペンション共振やボディ骨格の振動モードが影響して発生するため、これも主成分の周波数は変化しません。アプローチとしては、発生源の低減と伝達経路の遮断ということになりますが、発生源のタイヤは、タイヤメーカーとの共同開発を行います。車のコンセプトから、どのような性能のタイヤを装着するか、ハンドリング、乗り心地、ブレーキ、燃費、音などの目標性能バランスをタイヤメーカーに提示します。これを元にタイヤが試作され、各性能テストが行われ、その結果が次の試作タイヤに反映されて、これが繰り返されます。

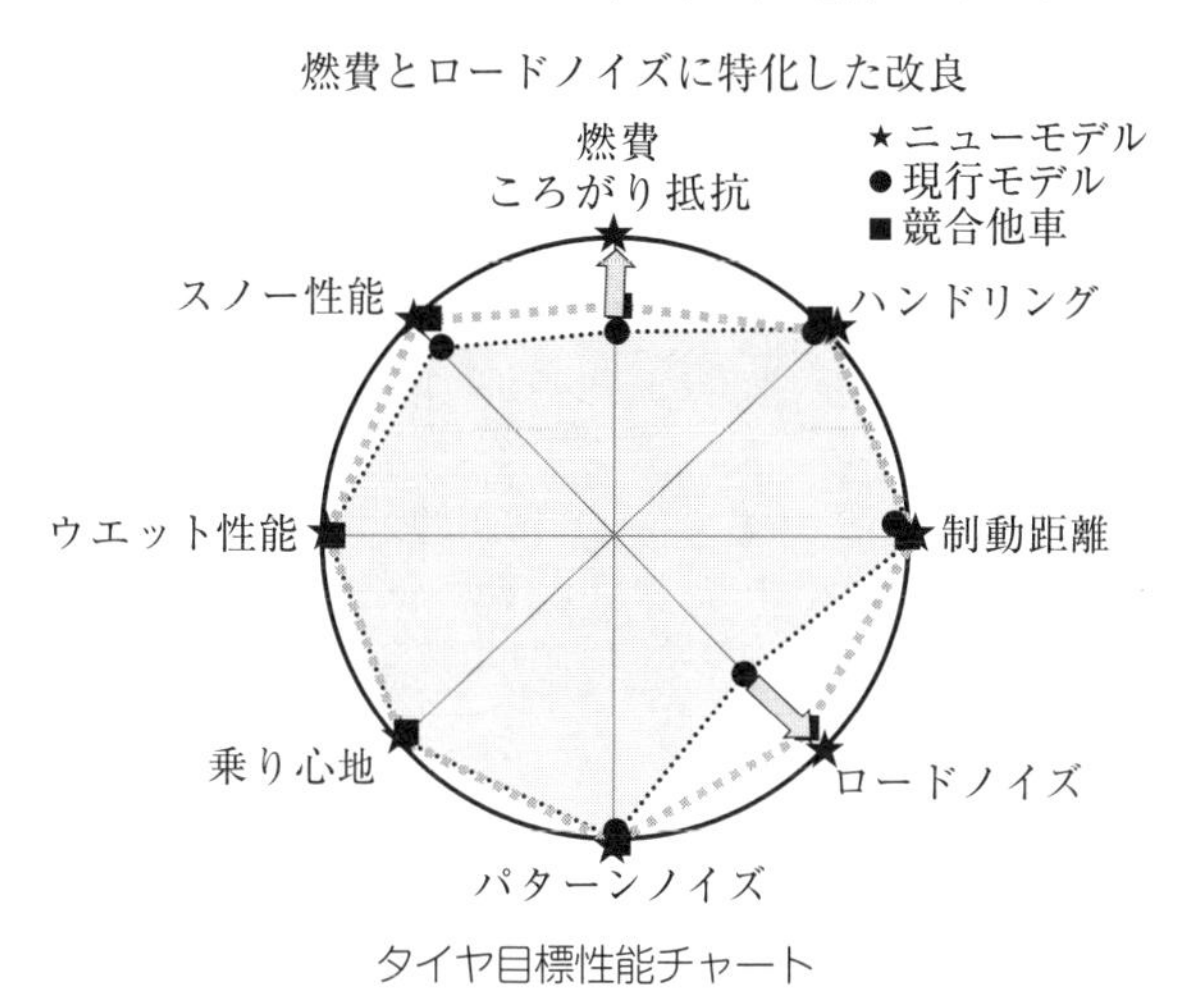

タイヤ目標性能チャート

タイヤの特性はロードノイズを大きく左右します。タイヤの材質はゴムが主成分ですから、路面からの衝撃を吸収するわけですが、ころがり抵抗やハンドリング性能や耐久性を維持または向上するには、ある程度の剛性が必要です。しかしゴムが硬くなり、衝撃の吸収が低下し振動が大きくなって、乗り心地やロードノイズが悪化するため、両立はきわめて困難となり、タイヤ以外での対策がたいへん重要となります。

振動伝達経路の対策として重要なポイントは、まず第一にタイヤの振動周波数と伝達系部品の固有値を一致させないようにチューニングする必要があります。ロードノイズの周波数は広範囲に及びますが、とくにタイヤの固有値周波数はピークとなり、ホイールやサスペンションの固有値と一致すると共振し、ロードノイズが悪化します。そのため、伝達系部品の剛性アップや周波数チューニングを行って、共振を回避し振動を低減します。

サスペンションやサブフレームは、ラバーブッシュを間に介して結合されており、振動低減に有効ですが、柔らかいラバーブッシュではサスペンションの剛性が低下し、ハンドリング性能が悪化するため、両立させる高次元バランスが必要です。

ボディから車室に侵入する音を、制振材、遮音材、吸音材で防音します。これらの防音材は、コストとウエイトとのバランスで成り立っています。開発が完了し量産直前の段階で、コストやウエイトが破綻することがあり、これらの防音材は真っ先に剥ぎ取られる運命にあるのです。とくに、大衆車にありがちなケースです。

砂利の駐車場で、車をゆっくり発進した時、石の跳ねる「ポーン」という残響のある音がします。舗装路の走行時にも、これに似た「ファーン」という残響のある

パンクしても走行可能なランフラットタイヤは、タイヤの空気が抜けてもサイドウォール（タイヤ側面）の剛性が高く、タイヤが潰れないようにできているため、乗り心地やロードノイズに影響があるんだ。とくに乗り心地への影響は大きくて、それをリカバーするには、サスペンションの改良がとても高いハードルとなっちゃうんで、適用は一部の車種に限られ、なかなか普及には至らないんだね。

キャビン
防音材
（フロア）パネル
制振材
ボディ
ラバーブッシュ　取付け剛性アップ
サブフレーム
サスペンション
ラバーブッシュ
剛性アップ
固有値チューニング
ナックル
ハブ
ホイール
タイヤ
加振
路面
空気伝播

ロードノイズの伝達経路と対策

音が、聞こえることがあります。これは、空気が充填されているタイヤの空間で定在波が形成されるため、それがこの残響音となります。その定在波はタイヤの周長が波長と一致する周波数で形成されるので、この現象をタイヤの気柱共鳴または空洞共鳴といいます。

カーショップなどで、音が静かになるというタイヤに窒素を充填するサービスを、よく見かけます。もしこれが、タイヤに充填されている空気の分子量密度を変え、音速が変化し、共鳴周波数をシフトさせて、この気柱共鳴音を低減するのが目的であるとすれば、空気に八〇％含まれる窒素では、分子量密度の差にさほど大きな開きがないため、効果は期待出来ません。一方、分子量が水素の次に小さいヘリウムは、それを吸い込むと声が高くなることからわかるように、これをタイヤに充填すると、気柱共鳴周波数が高域側に大きくシフトし、効果は絶大です。ただし分子量が小さいぶん、タイヤのゴムを通過し早く抜けてしまいます。

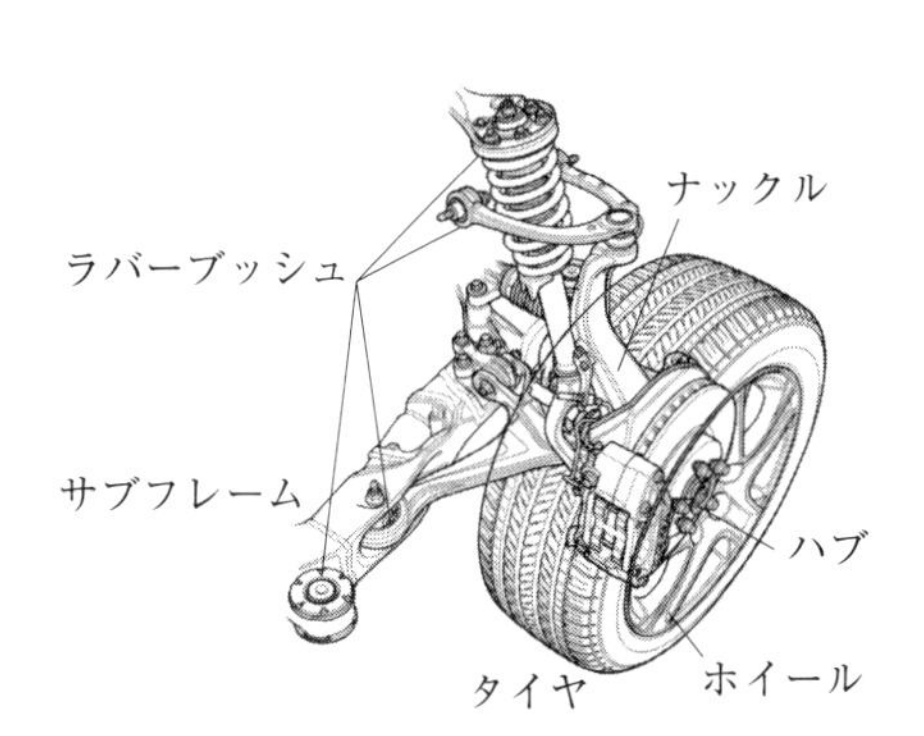

サスペンション周辺構造図

ヘリウム入りの風船が、いつの間にかしぼんでしまっていますよね。空気圧の低いタイヤでの走行はたいへん危険ですので、絶対に真似をしないようにお願いします。

このようなタイヤ内部の騒音低減には、吸音材を装着したタイヤやレゾネーターを設置したホイールなどが商品化されています。

ウインドノイズ

自動車が空気の中を走行することによって、空気は車体に沿って流れを生じます。空気の流れすなわち気流そのものは音を発生しませんが、車体の凹凸により気流が乱れ、その乱れが圧力変動となり、風切り音つまりウインドノイズが発生します。一般的にはこの圧力変動に規則性はなく、ランダムに変動するため、その発生音はラジオの砂嵐のようなホワイトノイズとなります。車速の上昇に伴い流速もアップし、圧力変動も増大するため、高速になればなる程ウインドノイズは増大し、一〇〇km／hをこえる辺りでは、聞こえる音の成分の大半をウインドノイズが占めるようになります。

稀に気流は、渦を発生させることがありますが、この渦はある特定の周波数を発生するため、笛吹き音のような耳障りな音となって聞こえます。この気流の乱れによって生じる渦をカルマン渦、その音をカルマンノイズといいます。また気流の乱れが空洞共鳴を励起し、特定の周波数を発生させることがあります。中でも顕著な事象として、サンルーフもしくは窓のひとつを開けて走行した時に、ある車速以上で耳を圧迫するような低周波音が生じることがあります。これは開口部周辺の気流の乱れによるキャビティ（空洞）現象が、キャビンスペースにより形成されるヘルムホルツ共鳴を励起し発生する現象で、ウインドスロップといいます。サンルーフにはデフレクターというバイザーを取り付けて、ウインドスロップ音の低減を図っています。

ウインドノイズの対策は、発生源である車体の凹凸を小さくし、気流の乱れを抑えることが重要で、そのため流れのシミュレーション解析や、風洞実験による車体形状の最適化が有効です。そして当り前のことですが、隙間をなくして風や音の進入を防ぐこと、具体的にはドアや窓の開口部は、シールラバーの性能向上やウインドサッシュ剛性アップなどが、ウインドノイズの防音には効果的な対策手法です。

低騒音風洞の紹介でも解説しましたが、高速走行する自動車に生じる空気抵抗はたいへん大きく、走行性能や燃費性能に影響を及ぼします。空気抵抗（F）は、空気抵抗係数（C_d）に前面投影面積（A）を掛け、それに速度二乗（V^2）を掛けた$F = C_d A V^2$となり、車の大きさ（幅と高さ）とデザインでこのCdAが決定されます。

サンルーフの乱流

昨今ＣＡＥ（Computer-Aided Engineering）解析により、C_d改善とともにウインドノイズも低減されてきましたが、形状変更にも限界があり、さらなる空力性能向上に向けては、技術的ブレークスルーが必要な状況です。たとえばカメラ性能や画像技術の進化により、ドアミラーの出っ張りをなくすことができれば、C_dおよびA共に改善が期待されます。またフロントグリルのエンジンルーム開口部は、ラジエーター冷却に不可欠ではありますが、C_dをアップさせている要素の一つでもあり、冷却水の温度により開閉するシャッターを、グリルに取り付けることで、シャッターが閉まった状態でのC_d低減が期待出来ます。とくにハイブリッド車やEVでは、発熱量が小さいため、閉まる頻度が増し、効果的です。

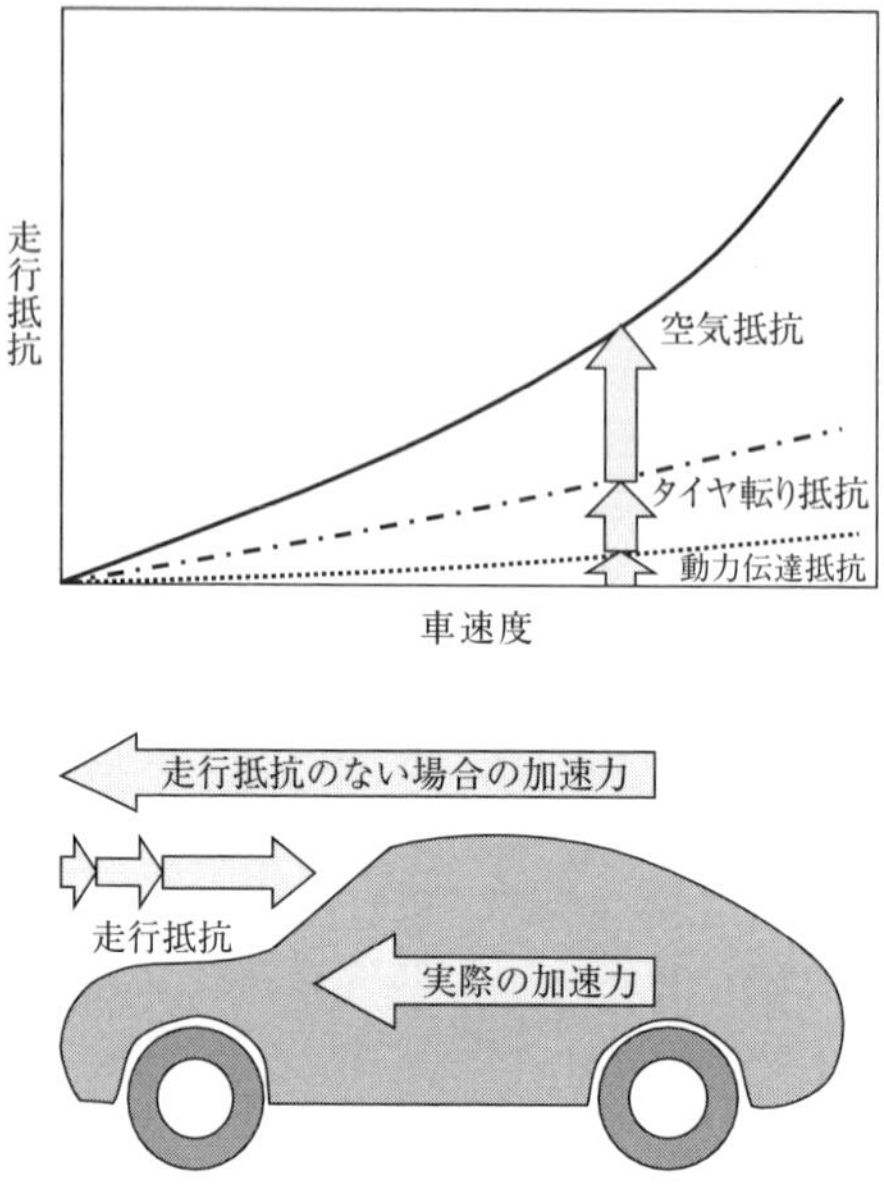

　高速道路網の整備が進み、乗用車にはオートクルーズが標準装備されるようになり、渋滞さえなければ、長距離ドライブがより一層楽しくなりました。高

走行抵抗線図

速クルーズでは、トップギヤ走行となりエンジン回転が低いため、エンジン音はさほど大きくなく、路面はスムーズでロードノイズも低いため、キャビンの音は、ウインドノイズの寄与率が高くなります。そのため快適なクルージングの実現には、ウインドノイズ対策は不可欠な技術です。

コラム――アウトバーンでのウインドノイズ

日本の高速道路は一〇〇km／h制限ですが、欧州のアウトバーンは、速度制限のない道路として知られており、空気抵抗は速度の二乗に比例して増大することから、ウインドノイズはアウトバーンにおける超高速クルーズ時の最大課題の一つです。

仕事でジュネーブに滞在中、車窓からレマン湖を眺めながら、同僚とレンタカーでツェルマットに向けて、アウトバーンをクルージングしていた時のことです。レンタカーですが、さすがにドイツのベンチマーク、大衆車でありながら、V_{max}（最高速度）での高速クルーズでも、静かで安定した走行性能。それを体感しつつ「ところでスイスのアウトバーンって、制限速度あったと思うけど、ガイドブックに載ってない？」と尋ねると「わかりました。」と同僚がガイドブックに目を落とし、そうこうしていると、突然赤い閃光が眼に飛び込んできました。すると同僚が「アッ、ありました。一二〇キロですね。」

「こんちくしょう・・・早く言ってよ！」

いくら（*会話）明瞭度の良い静かな車内でも、この心の叫びは同僚には届かなかったでしょう。帰国後、フランス語で書かれた赤紙の入った封書が、配達されてきました。事故防止や地球温暖化などの機運で、アウトバーンの速度無制限区間は、近年減少の一途です。

Dr. Ｎｏｉｓｅの解説——環境保全

スイスのツェルマットは、マッターホルンで有名な人口六〇〇〇人足らずの小さな村じゃが、目先の便利さや経済効果よりも、自然の豊かさや心の安らぎを優先させた住民は、排ガスや騒音を撒き散らす一般車両をシャッタアウトし、認可されたＥＶだけが街中を走行できる、クリーンで静かな世界有数の観光地なんじゃ。「村の自然や村の生活は、自分達村民自らが守る。」という環境保全の成功例ですぞ。しかし、マッターホルンのゴルナー氷河は、地球温暖化の脅威に晒され、村民だけでは守ることが出来んのじゃ。インド洋のモルディブしかり、ポリネシアのツバルしかり、海面上昇による島の水没は島民だけでは守れないんじゃ。人類全員で守るしかないのう。

*騒々しい環境の中では、オーディオの音や会話が聞き取り辛くなるでしょう？
このような音の状況を表現するために、音圧レベル（dB）ではなく、ＡＩ（Articulation Index）を用いて、（会話）明瞭度として表示する方法があるのよ。ＡＩは伝わる音の数の割合をパーセント（%）で表示するため、数値の大きいほうが静かな状態を表しているの。

7 車の音いろいろ

排気音

排気音は、エンジンの排気弁から排出された、燃焼ガスの圧力変化です。これは排気脈動と呼ばれる非常に高い音圧であり、その主たる周波数成分はエンジンの爆発一次成分、すなわち、四気筒エンジンではエンジン回転の二次となり六気筒エンジンでは三次となります。排気システムは、エンジンシステム（エンジン形式、排気量、加給器、排ガス浄化装置等）に基づき、必要とされる出力と排気音が成立するように設計されます。このシステムの決定指標は、エンジン出力に伴う*エンジン背圧と排気吐出音のきわめてシンプルな相関関係が前提ですが、高温度、高圧力、高速流といった厳しい環境のもとでは、厄介な非線形事象を取り扱うことになります。

*背圧とは、流れの中の物体下流における圧力のことで、排気圧力を指す。

■基本構造

排気システムは、エキゾーストマニホールド、ジョイント、キャタライザー、プリチャンバー、サイレンサー、フィニッシャー、排気管、マウントなどで構成されていますが、最近の燃費対応で、ターボチャージャーを装備している車種が増加しています。

排気システムでは、排気抵抗と消音性能は相反関係にあるため、目標背圧と目標排気吐出音を達成するには、しかるべき排気管径と消音器径が必要となり、この径の比が大きければ消音性能がアップします。そのためハイパワーの高性能車では、二連の排気システム（デュアルエキゾースト）を装備することもあります。

■衝撃波

エンジンの爆発排ガスは、排気バルブからエキゾーストマニホールドへ放出され、排気システムへと流れて行く中、排気脈動は高温度、高圧力、高速流の状況下で、脈動波形が崩壊し衝撃波を発生します。とくに排気管の管長共鳴により、波形の崩壊が大きく成長し、大音量の衝撃音となり、排気管表面やサイレンサーから「バリッバリッ」という耳障りな音が放出されます。

この衝撃波の発生を抑制するには、その成長過程において流路抵抗を設けるのが効果的であり、ターボチャージャーやキャタライザーの装着で発生が抑制されます。ノンターボ車でも、プリチャンバー設置により、長い排気管の共鳴を緩和することで、衝撃波の成長を抑制し、さらに、吸音材の充填により、衝撃波の高調波が吸音され、プリチャンバーからの放射音も低減されます。

■気流音

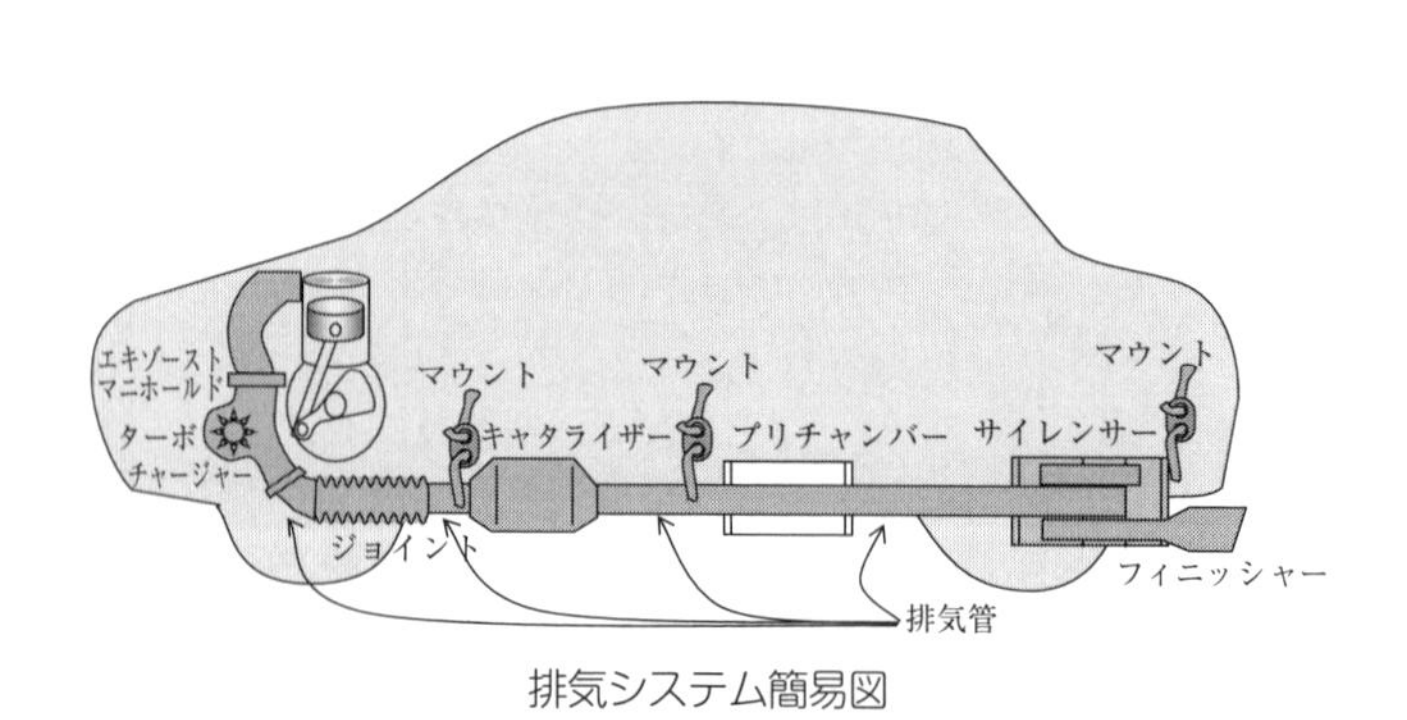

排気システム簡易図

排ガス流量は、エンジン出力に伴い増加するため、排ガス流速も上昇し、高速で消音器を通過します。とくに、サイレンサー内部では、流れの乱れが増大し気流音が発生して、排気口から放出されます。乱流の増大を抑制するため、消音器連通管の上流側を、フレア形状にすることなどが効果的ですが、消音器内部構造には基本的に、ガス流を大きく乱さない配慮が必要です。気流音は高周波のため、グラスウールの充填された吸音パイプが効果的で、もっとも下流のアウトレットパイプへの設置が有効です。最終的にテールパイプから、高速の排ガスが大気に吐出される際には、いわゆるジェットノイズが発生することがありますが、吐出口付近の拡管やディフーザー形状のフィニッシャー装着により、流速を下げることで、抑制することが可能です。

■サイレンサー

サイレンサー（マフラー）には大別して、吸音タイプとリアクティブタイプの二種類があります。吸音タイプは、吸音材を多用し排気抵抗が少ない構造となっており、低周波の音量が大きいのが特徴で、欧州車や市販されているスポーツマフラーなどに採用されています。リアクティブタイプは、内部を三か四室に区切り、連通管（パイプ）で各室（膨張室や共鳴室）を連結した構造となっており、日本車や米車などに採用されていますが、吸音材を部分的に併用することで、低周波から高周波まで、バランス良い消音性能が得られます。最近よく用いられる形状としてUターン構造というものがあります。これは尾管共鳴を効果的に利用し、低周波音の

ジョイントとマウントは、排気音ではなく排気振動の伝達低減として、車室内のこもり音低減に有効なんだ。排気システムはエンジンとつながっているため、排気上流部にフレキシブルジョイントや球面ジョイントを設置して、エンジン振動の伝達低減やエンジン揺動の吸収をするんだよ。さらに、排気システムの搭載はラバーマウントを用いて、排気振動のボディへの伝達を低減するんだ。

低減に有効ですが、気流音が生じるリスクもあり、形状への配慮が必要です。

高級車などに採用される流路切り替え圧力弁は、背圧により弁が作動し、設定エンジン回転数の前後で流路が変り、高回転域では、ショートカットすることで、排気抵抗が減少し出力上昇につながります。つまり、静粛性が求められる暗騒音の低い低回転（低車速）は、ショートカットされないため、排気脈動の低周波音を効果的に低減することができ、高出力で低騒音という二律背反のブレークスルーとなります。

高温、高速の排ガスが渦巻くサイレンサー開発には、下手なシミュレーションよりもＫＫＤ（感と経験と度胸）の方が早いということで、何十種類もの内部構造が試作され、開発終了までトライアンドエラーが何度も繰り返されるのです。その中からもっとも性能の優れた構造が、量産車に採用されます。しかしその試作品が、試作図面通りできているかどうかは、外観ではわからないため、非破壊検査が行われます。社内にある健康管理センターのレントゲン撮影室の、診察台にサイレンサーを載せて、通常の何倍も、いや何十倍も強い放射線で撮影すると、内部構造がハッキリクッキリ、まるで人骨のように写し出され、非破壊検査が完了します。古き良き時代の開発秘話です。

コラム——高性能車（スーパーカー）たるや

排気音は「くるまの音」を演出する一番重要な要素です。そのこころは、エン

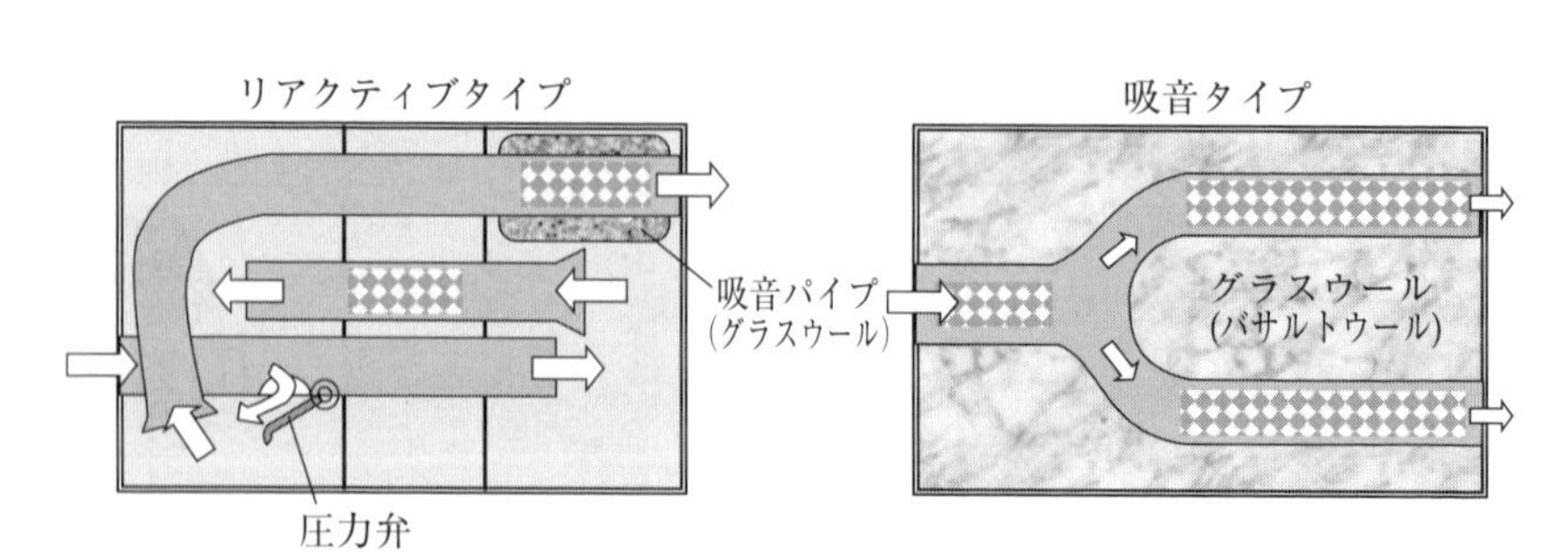

サイレンサー構造簡易図

ジンのマックスパワーはエンジン背圧に左右され、排気抵抗が小さいと背圧が低くなり高出力が得られることになります。また、抵抗の小さい排気システムは、音の減衰量は低く、スポーツカーやスーパーカーなど高性能車の排気音は乗用車に比べると大きくなり、馬力もアップするため、結果的に「高性能車は馬力があって迫力ある音」となるわけです。逆も真なりで「音が良い車は性能も良い」と、単純でわかりやすいロジックのため、高価な市販マフラーでもよく売れるのでしょうね。

高性能車では、スタートアップシンフォニー（スタートアップサウンドともいわれる）という儀式が執り行われ、くるまの音をより一層盛り上げる演出をしていることもあり、ここで紹介しておきましょう。乗用車でもスポーティな車種には、イグニッションスイッチ（エンジンスイッチ）をONにすると、メーターの針がMAXに振れるのをよく見かけますが、スタートアップシンフォニーは、エンジンスタートの瞬間に、エンジンが空ぶかしされ、回転が一瞬アップし、エンジンが雄叫びをあげる、まさにアスリートが戦いの前に行うルーティーンのような儀式です。

シンフォニーの魅力はなんといってもオーケストラが奏でる生の迫力です。つまりこの場合は、エンジンが奏でる生の排気音がそれに該当します。この生の排気音を実現する一つの手法として、キャタライザーとサイレンサーの間に排気流の切り替えバルブを設置し、アクチュエーターによりこのバルブを作動させた時だけ、サイレンサーを通過させずに、生の排気音を放出する、アクティブな排気システムを装備した、こだわりのスーパーカーも登場しています。このシンフォニー、早朝や深夜はちょっと遠慮したいというときには、スイッチ一つで演奏停止のサイレントモードに切り替えが可能。またさらに、走行時には、吸気システムにも設置された、コントロールバルブによる、吸気演奏が加わり、フルオーケストラのシンフォニーが走行モードに合せて、奏でられるという凝りよう。指揮者を志す人は、是非一見一聞されてはいかがでしょうか。

吸気音

吸気システムは、インテークマニホールド、スロットルボディ、エアクリーナー、レゾネーター（消音器）、吸気ダクトなどで構成されていて、エンジン出力に応じた空気量を取り込むため、スロットルボディや吸気ダクトの太さおよびエアクリーナーなどのサイズが設定されます。

吸入工程では、吸気バルブが開き空気を取り込み、この時発生する圧力変動が吸気（脈動）音となり、エンジン回転に同期し四気筒エンジンでは回転二次が主たる周波数となります。この吸気音は吸気システムのダクト内を伝播して、その間減衰されて、吸気口から放射されますが、エンジン回転はアイドリングからレッドゾーンまで（四気筒の吸気音周波数の場合約三〇〜二〇〇Hz）の間をスイープするため、吸気システムの管長共鳴周波数が一致したエンジン回転数では吸気音が増大し、キャビンにこもり音が発生したり、車外騒音の規制をオーバーしたりするような問題が発生します。

対策としては、この共鳴周波数を低減するレゾネーターを、吸気ダクトに設置するのが一般的です。エアクリーナーは音に対し、膨張タイプの消音器となり、有効な反面、樹脂製の箱形状のため、面剛性不足による放射音は要注意です。また、＊スロットルバルブの開度により吸気音圧は大きく変化し、クルーズ走行では静かですが、加速走行では増大します。

過給機（ターボチャージャー）が設定される場合は、吸気脈動は拡散されこもり音は解消しますが、過給機フィンのピッチノイズや気流音が発生します。このタービンノイズは高周波成分のため、エアクリーナーエレメントでも吸音されますが、エアクリーナーや吸気ダクトの内面に吸音材を設置するのが一般的です。

さて、最近の乗用車は、静粛性向上と加速走行騒音の規制強化に伴い、この吸気音がほとんど聞こえて来ないのが実情です。しかし「気もちよい音」にこだわる一部の自動車メーカーでは、スポーツタイプの車種において、サウンドジェネレーターなるものを装着し、スポーティな吸気音を演出しています。このデバイスは、吸気系システムから盲腸のような共鳴管を分岐させて、ダッシュボードパネルをスピーカーのように振動させて、吸気音をキャビンに伝達する装置です。したがっ

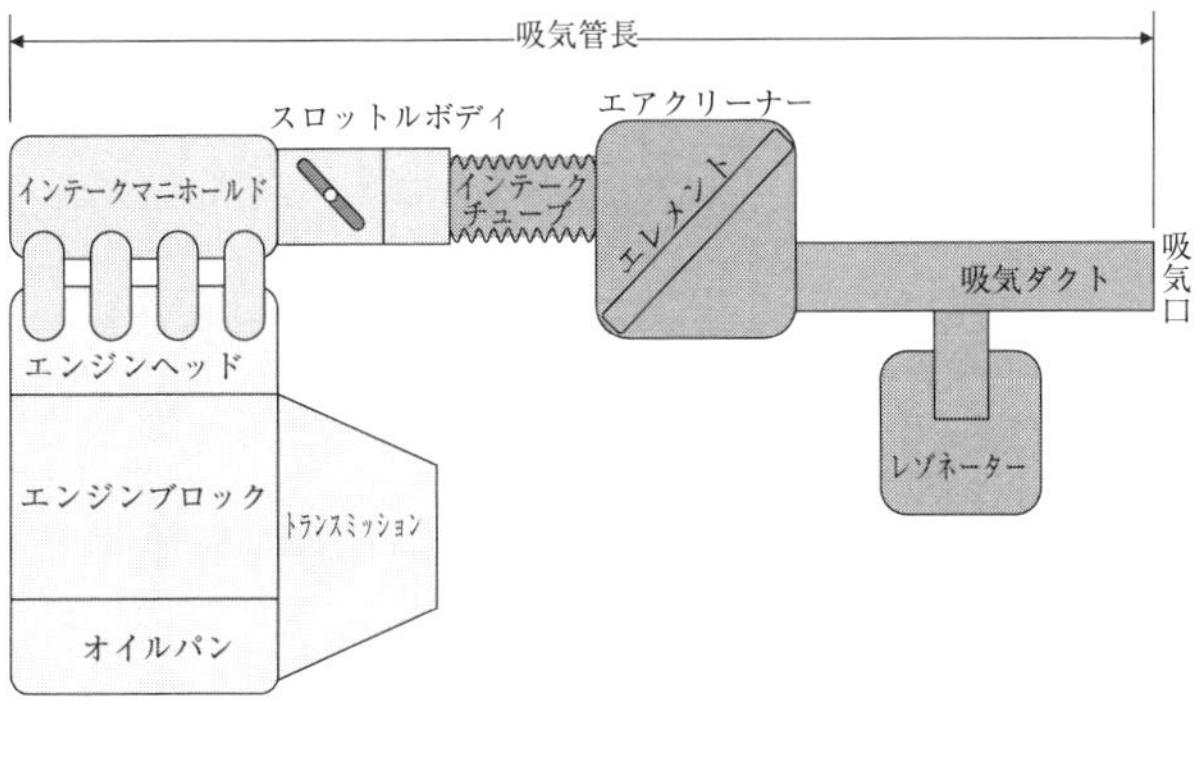

＊スロットルバルブとはスロットルボディの中にある弁のことで、アクセルペダルと連動して開閉し、ペダルを踏むと弁が開いて、多量の空気をエンジンに送り、出力が増大する。

て、車室内にだけ音を伝達し、車外騒音には影響しないため、騒音規制は問題ありません。

Dr. Ｎｏｉｓｅの解説――ウォーターロック

ここで、吸気システムにおける重要関連事象を紹介しておこう。

空気は温度が上昇すると膨張し、空気密度が希薄になり、エンジン出力が低下してしまうんじゃ。そのため吸気口は低温の走行風を取り込むように、エンジンルーム前方で、かつ冠水路走行時の吸水を避ける上方に設置されておる。大雨のニュースで冠水した道路に、車が立ち往生している映像をよく目にするがのう、この一番の原因がウォーターロックという、エンジンが水を吸い込みエンストする事象なんじゃ。水は非圧縮性のため、エンジンのシリンダー内に入るとピストンが一瞬にして停止してしまい、エンストはもちろんのこと、場合によってはエンジンが壊れてしまうんじゃ。

ウォーターロックを防止するため、自動車メーカーは独自基準を設定し、プール飛び込みというテストをしておる。この基準にはプールの水深、走行速度、エンジン吸水量の三つの基本要素を定め、これに合格すると豪雨の時でも安心して走行できる、というものだ。しかしこの基準は完全なものではなく、三〇年に一度の豪雨ならＯＫでも五〇年に一度の豪雨ならＮＧかもしれんし、焦って基準以上のスピードを出してしまうかもしれんからのう。それに近頃は、気候変動に伴う異常豪雨が日常化し、過去の経験や基準が通用せんかもしれんぞ。ただし「他の車は通れたのに、この車だけ通れなかった。」とならないように、この基準を設定する必要があるんじゃ。

　皆さんの車は大丈夫かのう？　もし冠水路を通らなければならない状況に遭遇した場合には、落ち着いてスロットルバルブをあまり開けないような運転を心がけ下され。

タイヤスキール音

　カーブした道路や広場などに夜な夜な集まって、ある技を競い合うドライバー集団をご存知でしょうか。その技とは、タイヤから音や煙を発しながらカーブを曲がって行く、ドリフト走法というコーナリングテクニックのことですが、この時発する「キッキー」という甲高い音をタイヤスキール音といい、急ブレーキを掛けた時などにも、タイヤが滑った時に発生します。

　自動車が発進する時、エンジンの力でタイヤが回転すると、路面とタイヤの間には摩擦力が発生し、その反力で車は前に進みます。カーブでは、タイヤに車両の遠心力による横方向の力が加わりますが、同じように摩擦力により、車はハンドルを切った方向に曲がって行きます。しかしオーバースピードでカーブを曲がると、横方向の力が摩擦力を上回り、タイヤは悲鳴を上げスリップし、車は曲がり切れなくなって外側に飛び出してしまいます。タイヤが滑り始める時、タイヤのゴムは微少に滑っては止まる現象を、連続的に繰り返して振動を発生します。これをスティックスリップといい、この振動が音として聞こえる事象で、ガラスなどを擦ったり拭いたりする時に「キュッキュッ」と音がするのと発生メカニズムは同じです。

さて、ドライビングテクニックにはグリップ走法とドリフト走法がありますが、サーキット走行では、熟練ドライバーはグリップ走法において、タイヤのスキール音を出さずに早いタイムで走行します。これはサーキットコースを熟知して、理想的なコーナー取りを行うことで、タイヤに無理なストレス（横力）を与えず、殆どスリップせずに路面をしっかりグリップし、加速力を与えて運転しているためです。一方未熟なドライバーは、コーナーの途中でコースを修正するため、ハンドルを急に切ることで、タイヤにストレスが生じ、スリップしスキール音が発生して、その結果タイムが遅れてしまいます。

ドリフト走法はパワースライド走法ともいい、アクセルペダルをしっかりと踏み込みつつ、タイヤを路面に空回りさせながら、横滑りをさせてカーブを曲がる走法です。摩擦係数の大きいアスファルトやコンクリート路面では、大きなスキール音が発生し、タイヤへのダメージも大きくなりますが、摩擦係数の小さい路面では、スキール音の発生もなく、タイヤへのダメージも少ないため、オフロードラリーや雪上レースでは有効な走法となっています。サーキット走行では腕を磨くのも結構

ドリフト走法

ですが、公道を走行の際は、理想的なコース取りをイメージして、スキール音をたてないグリップ走法を心掛けましょう。

ブレーキ鳴き

ＣＡＥの進化とともに、ブレーキの振動騒音対策の課題は最近ほとんど見かけなくなりましたが、代表的なものを紹介します。

自動車のブレーキには、ディスクタイプとドラムタイプの二種類がありますが、乗用車では高速走行時の制動性能に優れたディスクブレーキが主流となっています。そのメカニズムは回転するディスクをパッドで挟み込み、両者の摩擦により制動力を発生させるのですが、そのときディスクとパッドの間で振動が発生し、それが起振力となり、ブレーキNVが発生します。高速道路で強めのブレーキをかけた時に、ブレーキペダルから数一〇Hzの低周波振動を感じることがあります。この現象をブレーキジャダーと呼び、著しい場合にはダッシュボードの振動や車体振動を伴うことがあります。これはディスクとパッドの間の摩擦力の変動により、スティックスリップが発生して、サスペンションのキングピン（前輪の操舵回転の中心となる仮想軸）廻りの共振を励起するためで、原因は主に、ブレーキ時の発熱によるディスクの変形や偏磨耗やディスク表面錆によるものです。

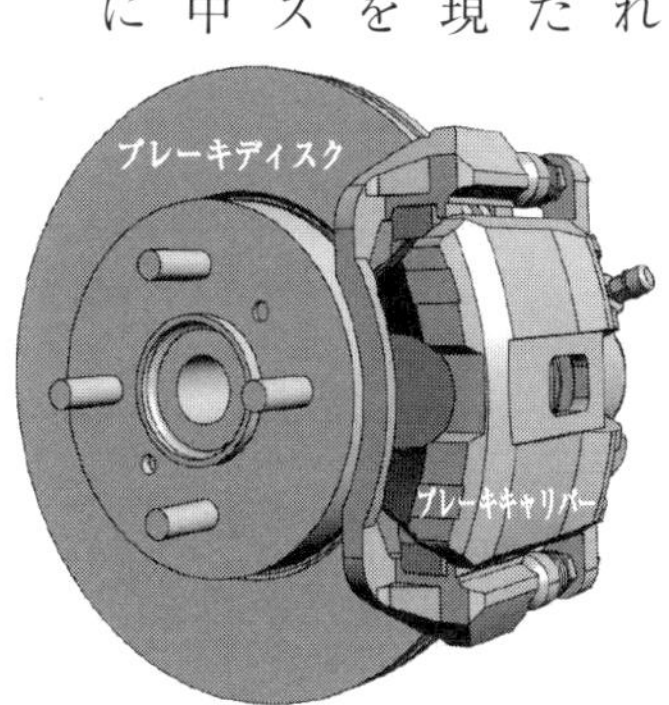

ディスクブレーキ

ブレーキ音の代表はブレーキ鳴きですが、停止直前に「キーッ」と甲高い音が発生し、周囲の人の注目を引く厄介な事象です。トラックならまだしも、高級乗用車がこのような音を発してしまうと、その車のみならず、その自動車メーカー、はたまたそのドライバーにまでも疑惑の目が注がれてしまいます。これはディスクとパッドの間の摩擦力により、パッドの自励振動がディスク共振を励起することによって発生するもので、数kHzの高周波音です。対策としては、パッドの自励振動およびディスク共振モードのチューニングを、システム構造の観点から行うのが基本ですが、対処療法として、パッドの裏面にシムという金属プレートを装着し、パッド振動を低減させたり、パッドの形状を加工し、自励振動の発生条件を変化させたり、ディスクを研磨したりするのが一般的です。

ブレーキジャダーの対策は、サスペンションの共振やディスクの変形などの低周波数領域での振動モードが対象のため、比較的対応しやすいですが、ブレーキ鳴きの場合は、高周波数のため振動モードを安定して抑制する

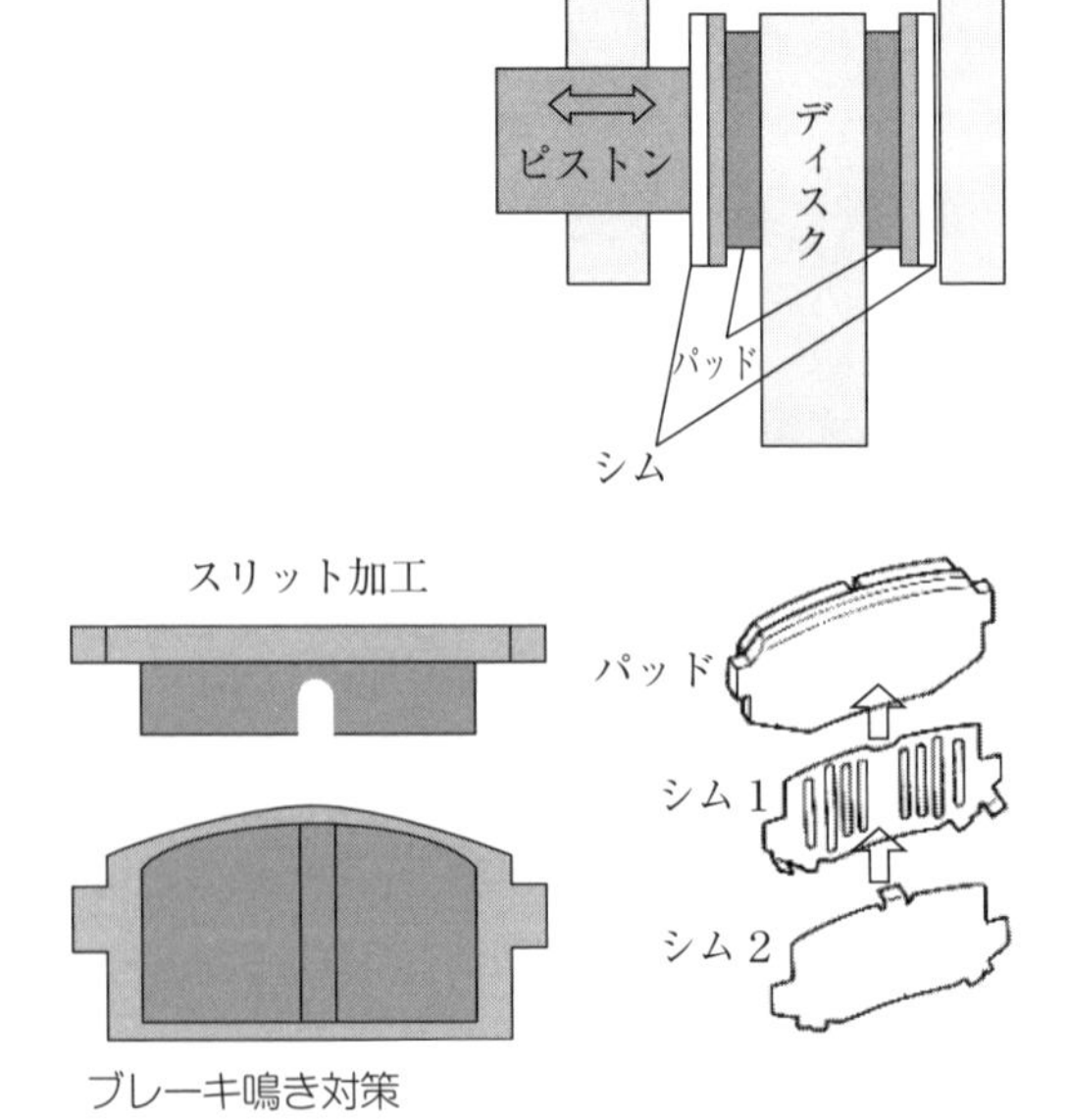

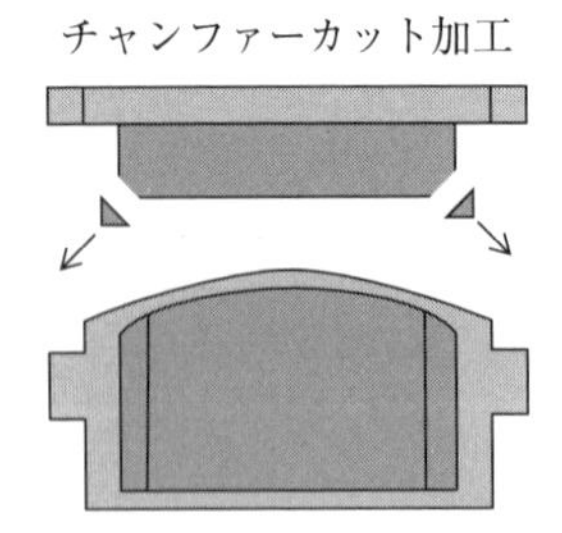

ブレーキ鳴き対策

ことが困難です。さらに、ブレーキの使用環境はたいへん厳しく、制動力はすべて摩擦熱となるため、ブレーキの温度環境は氷点下からディスク（鉄）の赤熱温度にまでわたります。また雨天や水溜りでの水没、加えて走行後のディスク表面はパッドにより研磨され、一晩駐車しただけでも表面に赤錆が発生します。このようにたいへん過酷な状況で、安定して摩擦係数をコントロールする技術が求められるのです。

ブレーキの品質を保証するためには、温度、湿度、表面性状、磨耗状況（新品から消耗限界まで）これらのパラメータを試験条件として、まさに虱潰しの確認テストが開発終了まで行われ、そのディスクとパッドの量たるや、トラック数台分の廃棄物となります。この確認試験のことを、業界では「鳴きマトリクス」といい、この試験の途中や終了間際でブレーキ鳴きが発生した時には、「鳴きマトリクス」ではなく、「泣きマトリクス」と文字が変ってしまうようです。

ギヤ音

エンジンの回転はクラッチやトルクコンバーターによりトランスミッションに伝達され、そこで歯車により回転数を変化させ、デファレンシャルギヤ（差動装置）を介してドライブシャフトを回転させて、タイヤに動力を伝えます。トランスミッションは多数のギヤの組み合せにより、車両の運転状況に応じて、エンジンの動力を適切にタイヤ伝えるために、タイヤの回転数、トルク、回転方向（前転・後転）を変化させる装置です。トランスミッションにはシステムとして、手動変速の Manual Transmission（MT）と自動変速の Automatic Transmission（AT）があり、電子制御技術の進化に伴い現在はATが主流となっていますが、ハイブリッド車や電気自動車にはMTは採用されないため、近い将来少なくとも、乗用車にはMT車がなくなることが予想されます。オートマチック機構の種類として、トルクコンバーターを用いた一般的な多段ギヤのAT、ベルト方式の Continuously Variable Transmission（CVT）、二つのクラッチを自動操作する Dual Clutch Transmission（DCT）の三種類があります。

　ギヤ音は歯車が組み合って回転する際、お互いの歯と歯が噛み合う時に発生するのですが、ミクロン単位の高い精度で削られ磨かれた歯でも、音は発生してしまいます。その発生原因としては、噛み合い率や最適な歯形のプロフィールデザイン、さらに、その精密な生産技術などが関係しますが、ここではギヤ音そのものについての説明に留めます。

　ギヤ音の周波数は、一秒間に噛み合う歯数によって決定され、トランスミッションギヤ音は、比較的高い周波数（約五〇〇～三kHzあたり）となり、かつその波形はサイン波に近く純音的であるため、まるで耳鳴りのように聞こえて、たいへん気になってしまいます。そのため、キャビンが静かであればあるほど、つまり高級車

不慣れな人がMT車を運転し、変速しようとしてシフトレバーを動かした時に、突然「ガーッ」とか「ギァーッ」とか、大きな音のすることがたまにあるよね。
これももちろんギヤから発生している音だけど、操作ミスによる異常音であって、ここでいうギヤ音とは違うから間違えないでね！
でももしかしたら、GEARという英単語の由来かも？なんちゃって！

になればなるほど、ギヤ音は在ってはならない存在になるわけです。

トランスミッションギヤは多段に切り換えられるため、その組み合せごとに（一速ギヤ音、二速ギヤ音、・・・、リバースギヤ音というように）、それぞれで異なるギヤ音が発生することがあります。一方ＣＶＴではギヤの切り換えによる変速ではなく、変径プーリーと金属ベルトによる変速機構のため、ベルト音が発生します。ベルト音の特徴は、ベルトが弦となり振幅することで発生するため、プーリーの回転数やベルトスピードの変化に対し、周波数は変化せずに一定となりますが、加振力の変化によって大きさが変化し、ベルトの張力の変化によって周波数も多少変化します。

ただＣＶＴの場合はベルト音そのものよりも、エンジン音が目立って聞こえる機構となっています。多段ギヤのＡＴでは、加速してエンジンが高回転になると、自動的にシフトアップして回転が下がり、エンジン音も静かになりますが、ＣＶＴではアクセルペダルを踏み込んでいる間は、エンジンは高回転で維持されるため、エンジン音の高い状態がその間継続されます。公道で法定速度に従い、車の流れに沿って走る時には、この違いにはあまり気が付きませんが、高速道路の進入路などでの加速走行時では、エンジンの高回転が持続し、その音の大きさに少々違和感を覚えることがあります。ましてや、いわば無法地帯のテストコースでは、このエンジン高回転持続の発生頻度が極端に高くなり、「ＣＶＴはうるさい車」という印象が生じます。そのため初のＣＶＴ搭載車開発においては、エンジン高回転時の静粛性向上のため、多くのＮＶ技術投入に奔走した記憶がありますが、結果としてユーザーからの市場の声は、「静かで良く走る良い車」との高い評価があったことも頷けます。

ギヤ音の話に戻りますが、左右のタイヤに力を配分し、左右の回転差を調節するデファレンシャルギヤは、コーナリング時に作動するため、ギヤ音は基本的に問題となりません。ただし、ぬかるみに片輪がはまって、タイヤが空転したような時にだけ、大きな音で聞こえてくるのがデファレンシャルギヤ音です。しかしこのデファレンシャルギヤには、エンジン回転をタイヤ回転まで下げるための終減速歯車（ファイナルギヤ）が付属しており、車速に伴うタイヤ周期とギヤ歯数から算出される周波数特性のギヤ音を発生します。

トランスミッションギヤも含めこれらのギヤ音対策は、やはり歯車の歯形形状と精度および軸の取り付け精度が、最重要ポイントとなるのはいうまでもありませんが、それぞれにシビアな製造基準が設定されており、歯形精度については歯研（はけん）という製造工程で、その基準をキープします。基準をクリアした歯車をミッションケースに

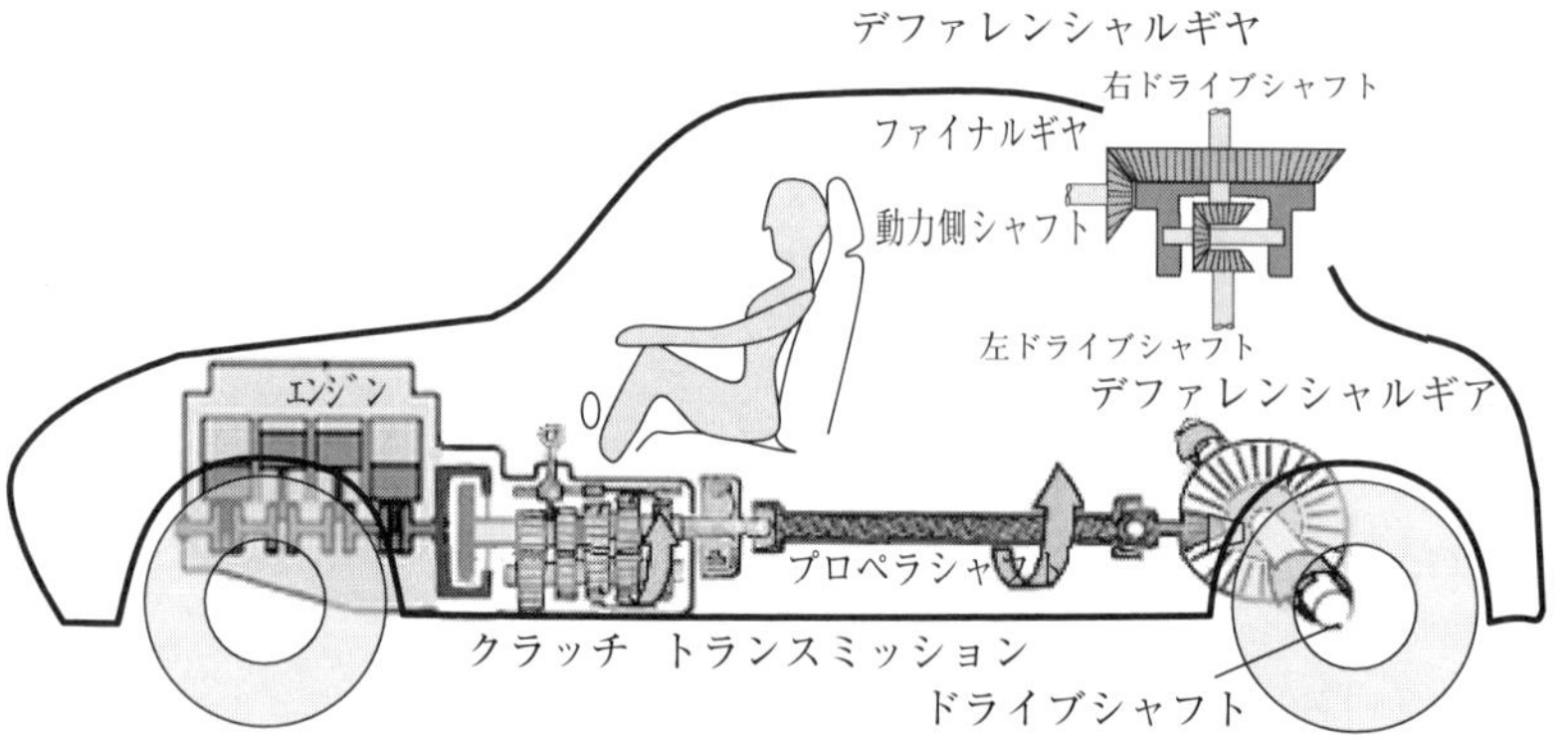

トランスミッションギヤ音周波数 f_e (Hz)
（エンジンと同回転するギヤの場合）

$$f_e = \frac{N \times M}{60} \quad \text{(Hz)}$$

エンジン回転数：N（rpm）
ギヤ歯数：M

ファイナルギヤ音周波数 f_t (Hz)
（タイヤと同回転するギヤの場合）

$$f_t = \frac{V \times 1000 \times M}{2\pi R \times 60 \times 60} \quad \text{(Hz)}$$

車速：V（km/h）
タイヤ動半径：R（m）
ギヤ歯数：M

トランスミッションとギヤ音周波数のメカニズム

アッセンブリーして、無響室の中で回転させながらギヤ音の計測を行い、目標基準レベルの合否判定を行います。歯車の回転には、実走行と同様の力と負荷を与えることで、実際発生するギヤ音を再現できるわけですが、歯車の歯面は加速側と減速側で、接する面が必ず表裏あるため、加減速両方で音の確認が必要です。

単体の音基準に合格したミッションを完成車に搭載し、スムーズ路面のテストコースにて実走行でギヤ音の計測を行い、最終判断となるわけですが、ギヤ音はたいへんデリケートな事象であり、そう簡単に一筋縄では行きません。ギヤ音は、エンジン音、ロードノイズ、風切り音など諸々の音に埋もれて（マスキングされて）聞こえなくなっていることがよくあります。しかしそのバランスが少しでも崩れると、例え単体基準値をクリアしたギヤ音でも聞こえてしまい、何らかの対策が必要となります。ここまで来ると、ギヤ単体音そのもののレベルを下げることはほとんど不可能なため、ギヤ音の振動伝達経路や、空気伝播経路を解析し、防音材や制振材を適用することで、気付かれないレベルまで力ずくで音を押さえ込むことになります。開発終了間際にコスト・ウエイトがアップする、世話の焼ける厄介者です。

ドア閉まり音

ドイツに出張した際、お昼時に食堂に行きそのドアを開けようとしたのですが、重くて片手では開かず、身体全体を使って両手でやっと開けることができました。日本での食堂のドアのイメージは、お盆にうどんやラーメンを載せてもったまま、ドアを押し退けながら入って行けるような、どうぞお入り下さい的なシーンを想像します。狩猟民族で大陸生活のゲルマン人と、農耕民族で島国生活の日本人。それぞれの文化の中で、象徴的な違いが家屋の構造であり、中でも扉に対する考え方にその違いがあるのかもしれません。外部からの侵入を防ぎ身を守るための頑強な扉。一方、風や湿気を防ぎ、快適な暮らしをするための襖や障子。食堂のドアをこれほど頑丈にする必要性が、一体どこにあるのか？　という問題ではなさそうです。自動車つくりにも同様のこだわりがあるようです。高級車を語る時によく話題になる項目の一つが、ドア閉まり音です。

さて、高級感のあるドアの音とは？　高級という言葉にはいろいろな解釈がありますが、この場合は「高品質な音」ととらえると、わかりやすいと思います。つまりドアでいう高品質とは、建て付けが良く、しっかりとして、操作がスムーズということになります。この様子を音に置き換えると、ドアの開閉操作は雑音がなくスムーズで、閉まる瞬間の音は重厚で剛性感のある音、ということになります。ではこの「重厚で剛性感のある音」とはどういうものでしょうか。

ドアが閉まる時の音は、ドアの共振周波数が主成分になります。剛性が高いと、周波数も高くなります。しかし重厚な音とは周波数が低いということで、これを両立するということは、まさに厚い鋼板でしっかりした頑丈なドア、となるわけです。ただこれでは戦車になってしまいます。そこでまず、ドアが閉まるときの音の発生メカニズム、について考えてみましょう。

　ドア音の構成要素として、カチャン、パタン、ドスンの三つがあり、カチャンは高音域でドアロック、パタンは中音域でドアシール、ドスンは低音域でアウターパネルからそれぞれ発生します。これを重厚な音にするには、カチャン、パタンを極力抑えて、剛性感のある音にするには、ドスンを残響させないでドスッとすることで、高品質で高級感のある音となるわけです。

　スムーズな開閉は、ドアの合せ建て付けが基本となるのは当然ですが、とくに自動車の場合は合せ面が三次元で複雑な形状となり、一筋縄では行きません。ドアが閉まる瞬間、ストライカー（ドアロックと噛み合ってドアを保持する部品）がドアロックにあたり、ドア周辺のシールラバーやラバーストッパーでドア全体の運動エネルギーを受けて、衝撃力が発生し音となるため、この衝撃を如何に低く抑えるか。つまりドアの衝撃吸収を、スムーズに行うことが前提となります。これはドアロックとシールラバーとストッパーの設定を、最適化することになりますが、それを有効なものにするには、ヒンジやサッシの剛性、また製造精度や組み付け精度などが重要な要素となります。大きくて重いドアを二箇所のヒンジで支えているため、付け根部分でわずかな誤差や撓みがあっても、ドア先端部では大きなズレが生じて、最適設定が実現できなくなってしまうからです。

　次に衝撃により発生した、ドアの振動と音を如何に抑えるか。ドアの共振振幅を下げるためには、（ドアの共振モードはいくつかありますが）ドア本体をマスとして、ドアヒンジをばねとする共振モードに対しては、ヒンジの剛性アップが有効です。さらに残響音を減衰させるには、音の発生源となるアウターパネルの内側に、制振材を貼り付けるのが効果的です。ドライバー側のドアだけに制振材を貼り、他のドアには貼っていないという乗員差別をしている車もあるようですので、要確認です。

さて先ほど述べた文化の違いが、ここにあります。ドアヒンジの剛性をさらにアップさせるため、欧州車には鋳造製品が適用されています。中でもドイツ車には、鍛造製品を採用しているメーカーもあります。ちなみに日本車のほとんどは、剛板プレス製品を適用しています。この性能の違いを、言葉で表現するのはたいへん難しいので、音とは別の角度で説明します。ドアを開けて、その後端上方を拳で下に軽く叩くと、ドアは垂直方向に振動するのがわかります。欧州車はこの振幅が小さく、減衰も早いのです。一方日本車に乗車する際、ドアを開けた瞬間「ブルブルッ」とした頼りなさを、手を通して感じてしまいます。したがって当然ドア閉まり音にも、この違いが出てしまいます。高級感は五感で感じているのですね。

ドアは、生産工場の組み立てラインで車両に装着され、上下のドアヒンジをボルト締めするだけの単純作業ですが、これだけではドアの合せ建てつけ精度が保証されないため、修正作業が行われます。以前、ドイツ高級自動車会社の南アフリカにある生産工場で、日本車も同時生産することとなり、その組み立てラインに、ドイ

製法	鍛造	鋳造	プレス
構造			
剛性	○	○	△
軽量	○	△	○
コスト	×	△	○

注釈：○＝優れる　△＝普通　×＝劣る　（著者の主観評価）

ドアヒンジ

ツ車と日本車が交互に流れて来る現場を、視察したことがあります。南アではまだアパルトヘイトが布かれていたころの古い話です。そこで、このドアの合せ建てつけ修正工程に遭遇したのですが、作業場周辺には工具らしきものは見当らず、何故か背丈ほどの太い柱のような角材、が二本あるだけでした。体格の良い大柄のラインマンが、この角材をドアに挟み体重を掛けて、グイッとドアを内側に曲げている光景は、ドイツ車のドア剛性の高さを物語っていました。ちなみに続いて流れて来る日本車へは、指先でキュキュッと押さえるだけで完了です。この完成直後の車に仮ナンバーを装着し公道を試乗していると、いきなり住民に周囲を取り囲まれ、あわや！という状況に遭遇しました。が、見慣れぬコンパクトな日本車に興味があっただけのようで、事なきを得ました。身を守るための頑強な扉の必要性を、身を以て痛感した次第です。

ワイパー作動音

「ワイパーをなくせばノーベル賞もの」といわれるほど、できそうでできない百年以上前の技術。進化し続けるオートテクノロジーの中で、これだけが一等地に取り残され、二一世紀も現役で活躍しています。ワイパーシステムは（最初は手動でしたが）、モーターがリンクを作動させ、ピボットを中心にアームが遥動してブレードで水滴を払拭する、きわめてシンプルな構造をしており、自動車のみならず鉄道、船舶、航空機などのほとんどの乗り物に、不可欠な装置です。フロントガラス表面に付着した水滴や、流れ落ちる雨水により、視界が歪んで見えてしまうため、それらを平らにならすことで、クリアな視界が得られるわけです。

雨の日にはこのワイパーブレードがドライバーの目の前でちらつくわけで、払拭性能はもちろんですが、つぎに気になるのが作動音です。作動音にはモーター音、ブレード反転音、ブレードこすれ音の代表的な三種類があります。この中でモーター音とブレード反転音については、音の発生要因が安定しているため、経年劣化で音が変化する程度なので、あまり問題にはなりません。一方ブレードこすれ音は、フロントガラスとブレードの間の摩擦係数が発生要因となり不安定なため、突然音が発生したりして気になり問題となります。中でもワイパーびびり（音）と称するスティックスリップ事象は、音だけではなく払拭性能も悪化するため、最悪のトラブルの一つといえます。

ちなみに、ワイパーは百年間、進化がなかったわけではありません。電動化、ウォッシャーの設置、間欠作動式、雨滴感知オートモードなど、機能面では進化して来ましたが、見た目の進化がありませんでした。何とかして、この過去の遺物を見せないようにできないか！　その思いは、カーデザイナーが人一倍強く感じていたでしょう。その結果生れたデザイン技術が、*コンシールドワイパーです。停止状態で完全に隠れるのをフルコンシールド、半分隠れるをがセミコンシールドと称

＊使用しない時にワイパーがボンネットの下に格納されるタイプのもの。

し、ことばの響きもよく、セールスポイントにもなりました。ワイパーアームが伸縮して二本分の払拭面積をカバーできる、画期的な機構の一本ワイパーも開発されましたが、通行人に水がかかってしまい、普及しませんでした。

このような流れの中で、長年君臨していたトーナメントタイプのワイパーブレードに代って、二〇世紀末に登場したのがフラットブレードです。近年の乗用車は、フロントガラスが大きく傾斜し払拭面積が広く、三次元にカーブしているため、ブレードの接触圧力を均一にすることが困難で、かつ、二〇〇km／h以上の速度でも、風の影響の少ない空力性能が必要です。この高い要求性能とデザインを両立させて、コスト、ウエイトを成立させるアイデアと技術は、ノーベル賞には届きませんが、革新技術といえるでしょう。

従来のトーナメントタイプは、その名の通り勝ち抜き戦の対戦図のような構成で、クルマ側のワイパーアームによって押し付けられる力を、中央から各エレメントを通じて分散してゆくものです。これに対してフラットタイプは、二本のアーチ型スプリングを平行につないだ間にラ

名称	トーナメントタイプ	フラットタイプ
面圧分布		
空力		
部品点数	17	8
重量(g)	200	150

ワイパーブレード比較

バーを挟んでおり、スプリング全体でラバーを押し付ける方式です。ワイパーアームに装着したブレードをウインドウ面へ接触させてゆくと、トーナメントタイプのラバーが中央から接触するのに対し、フラットタイプは両端から接触してゆき、アーチ型スプリングとワイパーアームの押し付け力がバランスした状態で、均等にラバーが接触します。その結果、フラットタイプは面圧分布が均等で、部品点数も二分の一以下と少なく、約三〇％の軽量化をも実現しています。

コラム――フラットブレードの実力や如何に？

買ったばかりの新車に初めて乗って、ディーラー（販売店）から帰る途中のことでした。信号待ちでアイドルストップの状態の時、通り雨がパラパラっとフロントガラスを濡らした瞬間に、オートモードにあったワイパーが音もなく作動して、音もなく停止しました。フロントガラスに付着した雨滴は、完璧に払拭され何の痕跡も残さず、雨滴で濡れたという現実がまるで幻想だったのでは、と思えるほどの感動でした。あれから三年、車検でディーラーに預けた車を引き取って帰る途中、あのときと同じように信号待ちでアイドルストップの状態の時、通り雨がパラパラっとフロントガラスを濡らした瞬間に、オートモードにあったワイパーが作動。

「ガッガッガー」

「何これー！」

ワイパーが折れ曲がらんばかりの特大びびり、（スーパースティックスリップとでも呼ばせていただきましょう）が発生したのです。そういえば「ブレードが劣化していたので交換しておきました」とことづけられはしましたが、交換したなら作動確認くらいは普通するでしょう。それでももしビビリが発生したら、シリコンスグリスプレーを一噴きすれば暫くはスムーズになるのですから。ブランドディーラーのプライドは、一体どこへいってしまったのでしょう。

一般的には、油膜や細かい傷などによるガラス表面の性状悪化や、ブレードのゴムの劣化により、接触面の摩擦係数が増大し、スティックスリップが発生すると考えられますが、新品ブレードに交換直後に発生するのですから、説明がつきません。いいとこずくめのフラットブレードですが、まだまだ改良の余地はありそうです。

ラジエーターファン音

とある自動車メーカーの創設者である社長が、自社の車で遠出して戻ってきた時、部下を呼びつけていいました。

「ラジエーターファンが突然回りだして、その音で小便が止まっちまったぞ！」

たかがファンの音、されど社長命令。ということで早速再現テストが行われました。

　無響室に車がもち込まれ、マイクロホンの位置を、男性が用を足すシーンを想定して、車の先端一・五m前方の、高さ一・五mに定め、ラジエーターファン騒音が計測されました。この音圧をどれだけ下げれば、安心して用を足せるのか。目標レベルをどのように決定するか、悩んだ挙句の苦肉の策が、ドッキリ評価（主観評価）です。ファン騒音とモーター電圧は比例関係にあるので、電圧を変化させると音圧も変化します。そこで被験者数人に、静かな無響室の中で突然ファンを回し、ある騒音レベルの音を聞いてどのように感じたかを、ドッキリ度五段階で判定してもらい、目標の許容レベルを求めるのです。許容レベルが決れば後は、モーター電圧の切り替え回路を組んで対策完了です。

　限られたスペースの中、ラジエーターの冷却に必要な風量を確保した上で、ファン騒音だけを下げるのは至難の業です。ファン騒音が段階的に上昇すれば、安心して用が足せるはずです。従業員数名による屋外検証試験を終え、社長報告をしたとかしなかったとか。

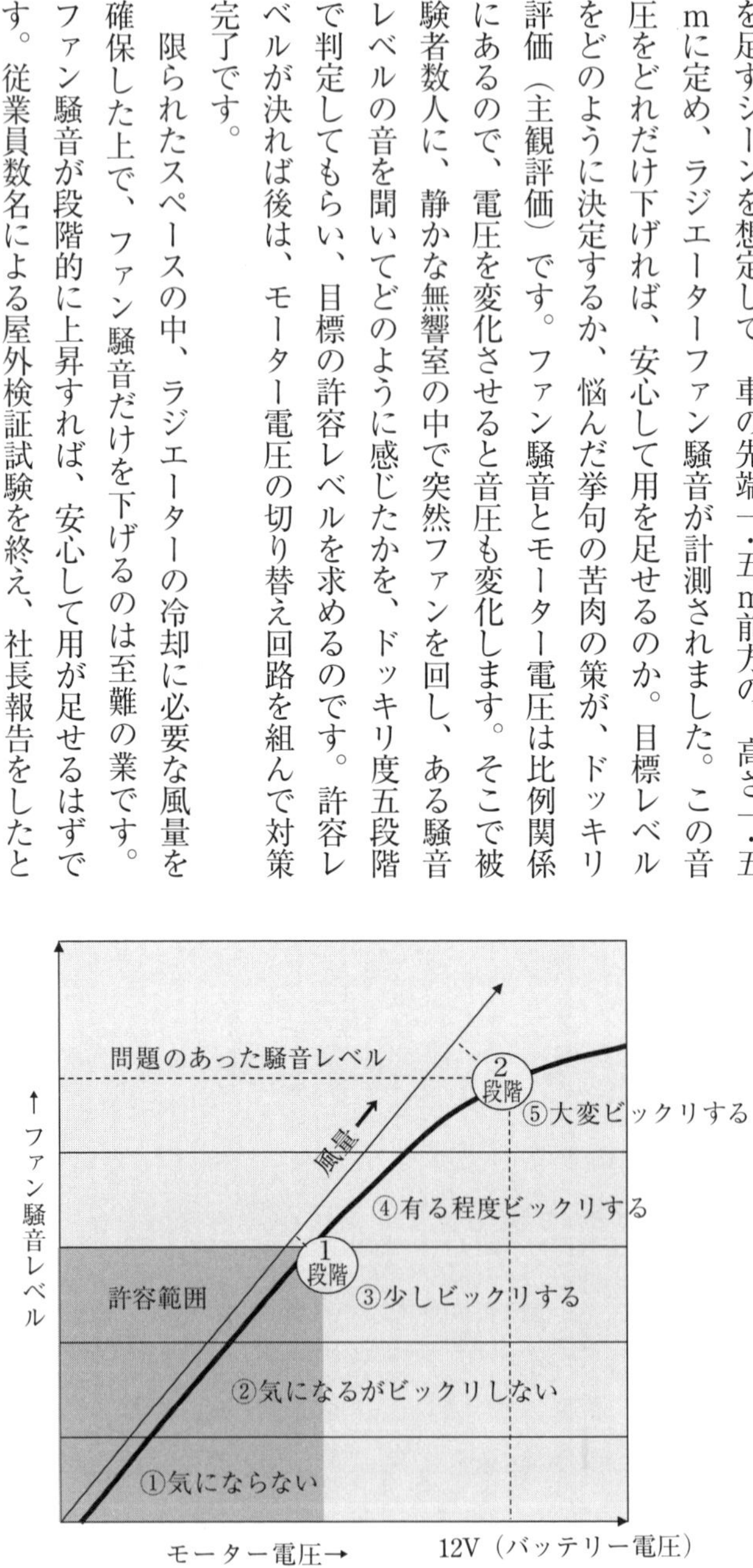

モーター電圧とファン騒音レベルの関係図

8 車騒音の掟

自動車騒音規制

環境騒音に与える自動車の影響が、非常に大きいことはいうまでもありませんが、それゆえモータリゼーションとともに、自動車騒音規制値はたいへん厳しくなって来ています。騒音規制は世界各国異なり、騒音試験方法やそれに伴う規制値もさまざまですが、国土の狭い日本や欧州では厳しい騒音規制が課せられ、アメリカが緩いのは理にかなっているといえるのではないでしょうか。

Dr.Noiseの解説――自動車騒音試験方法

自動車会社はニューモデルの発売にあたり、国土交通省に認可申請をして、環境基準や安全基準などのすべての保安基準をクリアし、型式認定を取得するんじゃ。

日本には、道路運送車両の保安基準第三〇条（騒音防止装置）に加速走行騒音、

定常走行騒音、近接排気騒音の三種類の騒音試験方法が存在しておったが、国際基準化に伴い欧州と統一され、新方式による加速騒音試験の一つに集約されたんじゃ。ただし近接排気騒音試験は、違法マフラーへの改造車や、暴走族の取り締まりのため、車両検査基準として存続することになっているそうじゃ。

日本では一九七〇年代末から一九八〇年代初めにかけて、段階的により厳しい騒音規制強化が実施されました。環境省が日本全国の環境状況を調査し、環境白書を発行します。これを基に、諮問機関である中央環境審議会の騒音部会により、環境騒音改善に向け対策を検討し、自動車騒音規制強化などの具体的な規制値を提案します。中央環境審議会は大学教授を中心とした有識者で構成されており、規制値強化に対する各自動車会社の騒音対策技術についてヒアリングを行います。

当時交通騒音は、トラックやバスの大型車両の寄与が高く、環境改善にはこれを叩くのが効果的であると考えられ、そのことは交通騒音シミュレーションにおいても検証されていました。しかし判っていても技術的に不可能なことを強いるわけには行かないため、このヒアリングを通じて車両カテゴリーごとの妥当な規制値を打ち出すのが狙いです。このような状況下で、交通騒音に影響がさほどでもない乗用車の規制値が強化されるのは、メーカーサイドとしては何としても阻止したい構えです。とくに、加速走行騒音対策は自動車の基本性能である加速性能に影響を及ぼすため、規制強化を最小限に抑える必要があります。

ある時、勤務先への通勤路でアスファルトの補修工事が行われ、その直後に車でそこを通過した際、ザーッというロードノイズがその瞬間すっかり消えてしまった、ということがありました。五〇mほどのその間、それはまるで宙に浮いたような感覚でした。

工事直後のアスファルトは表面がスムーズで、中は空隙率が高くポーラス状（軽石もしくはスポンジのような穴だらけの状態）になっているため、吸音効果が高くなっています。対して補修されていないアスファルトは、多数の車の通過と長年の風化により表面のアスファルトは欠落し、中の砂利が露出してタイヤが激しく叩かれ、大音量のロードノイズが発生します。さらに、アスファルトの中は、空隙率が低く硬く密度が詰まっていて、吸音効果がない状態です。

この補修工事道路の自動車通過シーンは、夕暮れの闇の中に一瞬にして、車と音が吸い込まれ消えてしまう、まるで、映画『バック・トゥ・ザ・フューチャー』の「デロリアン」のようです。

ちょうどそのころ、タイヤロードノイズという技術課題が注目されており、車外騒音にはとくに路面の影響が大きいため、欧州では有利な騒音路面を、乗用車メーカーが把握していて、その路面を有する試験場を指定して、騒音の認可を取得することが問題視されていました。これは後にＩＳＯで基準化され、自動車走行騒音試験には、ＩＳＯ路面の適用が義務付けられています。話を元に戻しますが、中央環境審議会に提示したこの映像が、そのときの、乗用車の加速騒音規制強化を、当初囁かれていた三dBより緩い二dBの、八二dB（A）に留めた決め手になったかどうかは定かではありませんが、正しい判断の一助になったのであれば幸いです。

あれから四〇年、さらなる規制値強化が発令されて来ましたが、数値を下げるだけの規制値強化ではもはや限界となり、環境騒音低減に、より有効な試験方法が国連機関によって提唱され、欧州と日本がそれに同調し現在に至っています。

音源寄与率

騒音規制法の試験方法や規制値は逐次改正され、その内容に沿った対策が自動車には不可欠となりますが、自動車の車外騒音は複数の音源が合成されているため、合理的でバランスの良い対策には、その音源寄与率を求めることがポイントです。

車外騒音の音源としては、エンジン音、排気音、吸気音、タイヤ音、駆動系騒音が一般的ですが、それぞれの寄与率は車種や試験方法によって大きく異なります。たとえば、試験方法で定められた速度で走行するとき、A車よりもB車の方が減速ギヤ比が大きい場合は、B車の方が同じ速度でもエンジン回転が上昇し、エンジン音圧も上がるため、エンジン音寄与率は増加します。一方で速度変化はなく、タイヤ騒音は変らないため、エンジン音寄与率が増加した分、タイヤ寄与率は減少します。また試験条件が変った場合はいうに及ばず、音源寄与率は大きく変化します。

音源寄与率を求めるには、マスキング手法が有効です。ある一つの音源を排除して試験をすることで、その騒音レベルを逆算します。たとえば、排気口に消音装置を取り付けて排気音を允分に低減し、排気音カットの状態で試験を行います。それにより、元の状態の試験結果と排気音カットの状態での試験結果の差が、排気音だけの騒音レベルとなり、ここから排気音の寄与率が算出されます。吸気音も同様に、吸気口に消音装置を取り付けて寄与率の算出が可能です。しかしその他の音源のマスキング手法は困難ですが、タイヤ音については計測区間直前でエンジンを停止し、ピーク騒音を発生する速度に合せ惰性で走行することで、タイヤ音だけを直接計測することが出来ます。乗用車は駆動系騒音の寄与が小さく、無視することで残りのエンジン音寄与率が求まります。

車外騒音レベルは各音源レベルを対数で加算するため、寄与率の低い音源を対策しても、その車外騒音値の低減効果は少ないため、寄与率の高い音源を対策する必要があります。

規制対応

騒音対策は発生メカニズムの解析により、発生音そのものを低減することが有効かつ効率的ですが、それにはある程度限界があり、次の手としては、その残った音を遮音材や吸音材を用いて防音することになります。これには当然コスト・ウエイトがかかります。それでも規制値をクリアしない場合は、トランスミッションのギヤ比を低くして、騒音ピークのエンジン回転を下げ、エンジン騒音を低減するような対応をすることがあります。しかしこれを行うと加速性能が落ちて、自動車の基本性能である走行性能を低下させることになってしまいます。とくに、スポーツカーは走行性能が命であり、エンジン音や吸・排気音が売りとなるため、まさに八方ふさがりになってしまうのです。

この絶体絶命のピンチを救済すべく、欧州では高性能車規定という緩和規制が導入されていました。通称「スーパーカー規定」と呼ばれているこの規定は、出力や加速性がある基準をこえる性能を有する、乗用車カテゴリーの車両に適用される規制値緩和処置です。大型車（高出力のバスやトラック）カテゴリーの規制値は、乗用車よりも緩い値であることから、このスーパーカー規定は優遇ではなく、妥当であることを言及しておきますが、国連の新規制では、定義が改められ、高出力の車両カテゴリーとして分類されており、緩和規制は事実上踏襲されています。

日本の騒音試験法は、以前はマイクロホンの計測位置が、進行方向左側でしたが、そのため吸気口や排気口がマイクロホン位置とは反対側の右側に設置された車両を多く見ました。国際的な車外騒音の試験方法では、マイクロホン位置は左右両側が一般的ですが、日本の場合は車両は左側通行のため、沿道の民家への影響は、左側が大きいということでそうなっていたのです。じゃあ右側通行の国は右側だけ騒音が低ければ良いの？　右側通行の欧州ではマイクロホン位置はなぜ左右なの？　一方通行の道は？　などの疑問が残るのは確かです。

バルブが装着されている高性能な排気系消音器をこの本でも紹介していますが、車外騒音の試験法に合せてバルブを作動させ、排気音を低減し規制を満足させた場合、これは規制逃れとなり違法行為にあたります。

人は本能的に抑圧から逃れようとします。規制値そのものを逃れるわけには行きませんが、試験方法には必ず抜け道があり、コスト・ウエイト・性能ダウン、さらには開発日程というプレッシャーで、藁をも縋りたいエンジニアにとって、この抜け道は禁断の果実であり、けっして通ってはならない進入禁止路なのです。

騒音以外にも自動車には排ガスや安全など、さまざまな法規制があるため、企業には開発技術を法的観点でチェックする監査部門が存在します。ここでは対策技術が法規制に抵触していないかを分析し、問題があれば開発のやり直しとなるわけですが、それでも白黒つかない微妙なケースが発生することもあり、最終的には担当省庁に直接確認することになります。このように合法的な技術で認可を受け、環境保全につなげて行くことが企業としての責務なのです。

自動車の基準を検討する動きは、自動車先進国である欧州や北米が中心となり牽引して来ましたが、自動車流通の国際化が進む中、よりグローバルで有効な自動車の基準が求められる状況を背景に、国連において車両基準が検討されるようになり、今回の騒音規制改定に至っています。今や自動車大国である日本は、ハイブ

日本では保安基準により、一八〇km／hでのスピードリミッター装着が義務付けられていて、日本車はどんな車もそれ以上のスピードが出なくなっているんだ。日本の公道の制限速度は現在一〇〇km／hが上限だから、一般的には一八〇km／h以上の速度はまったく不必要な領域だけど、サーキットなどの専用道路では速度制限はないので、スーパーカーのオーナーはそこでは宝の持ち腐れになっちゃうよね。そのため、最新技術ではGPSの位置情報からサーキットであることを特定し、リミッターを解除できるんだって。

リッド車などの最新技術分野では牽引役でもあり、この国連における車両基準化にも積極的に参加しています。その結果今回の試験法は、今までの矛盾や抜け道を解消し、環境騒音発生の走行モードを再現したリーズナブルで有効な内容になっているようです。企業とお役所がイタチゴッコに戯れていないで、鼬や狐や狸も人間も安心して暮らせる生活環境、地球環境保全に向けて、官民一体となって取り組んで行かなければなりません。

近い将来、NAVI、GPS、吸・排気音コントロールシステムを用いて、AI（人工知能）が市街地や郊外を判定すれば、環境騒音を悪化させることなく、スポーティサウンドを享受できるかも知れないわ。法逃れではなく、技術は法を超えられるのね。

乗用車加速騒音規制年表

地域	1970　1980　1990　2000　2010	2016　2020（年）
日本	84　82 81　78　76	UN-ECE R51-03
欧州	82 (+1 dB)　80 (+1 dB)　77 (+1 dB)　75 (+2 dB)	72 (+1 dB)　70 (+1 dB)
米	80	

※試験法は地域によって異なるため規制値比較には考慮が必要（日本と欧州は2016年に統合）上段：規制値dB(A)
※トレラレスは計測器公差や量産車バラツキを考慮してそれぞれ1dBづつ規制値に加算される 下段：(レランス)

自動車騒音規制新旧比較

	地域／法令	規制値 dB(A) トレランス dB	MIC位置 距離Dm 高さHm	速度 Km/h	加速 条件	ギア位置 AT MT	積載 条件	備考
旧	日本 TRIAS	76 —	左 D7.5H1.2	進入50	WOT	Dレンジ 3rd	定積載	定常走行騒音 近接排気騒音 } 廃止
旧	欧洲 ECE R51-02	74 1+1	左右 D7.5H1.2	進入50	WOT	Dレンジ 2nd+3rd	空積載	高性能車+1dB
新	国連 UN-ECE R51-03	72 1	左右 D7.5H1.2	MIC前 50	WOT 定常	Dレンジ 3rd or 4th	空積載 +75kg	市街地加速度計算式 063 log (PMR)-0.09

新騒音規制解説
観点：乗用車の高出力化に伴い市街地走行モードの加速騒音試験方法を改定する。
加速条件としてPMR（パワーマスレシオ：その車の出力と重量の比率）から算出した市街地加速度が、WOT（全開加速）と定常走行の騒音計測値の間に位置付けられ、WOT加速度に対する、市街地加速度の騒音値が求められる。
スポーツカーのような軽量でパワーのある車種は、従来のＷＯＴでは加速度が市街地走行モードからかけ離れて大きくなり、騒音も高く適正ではないが、新方式では市街地走行モードをより近く再現できる。規制値は厳しくなっているが、試験条件の変更により新旧ほぼ同等レベルの内容となる。

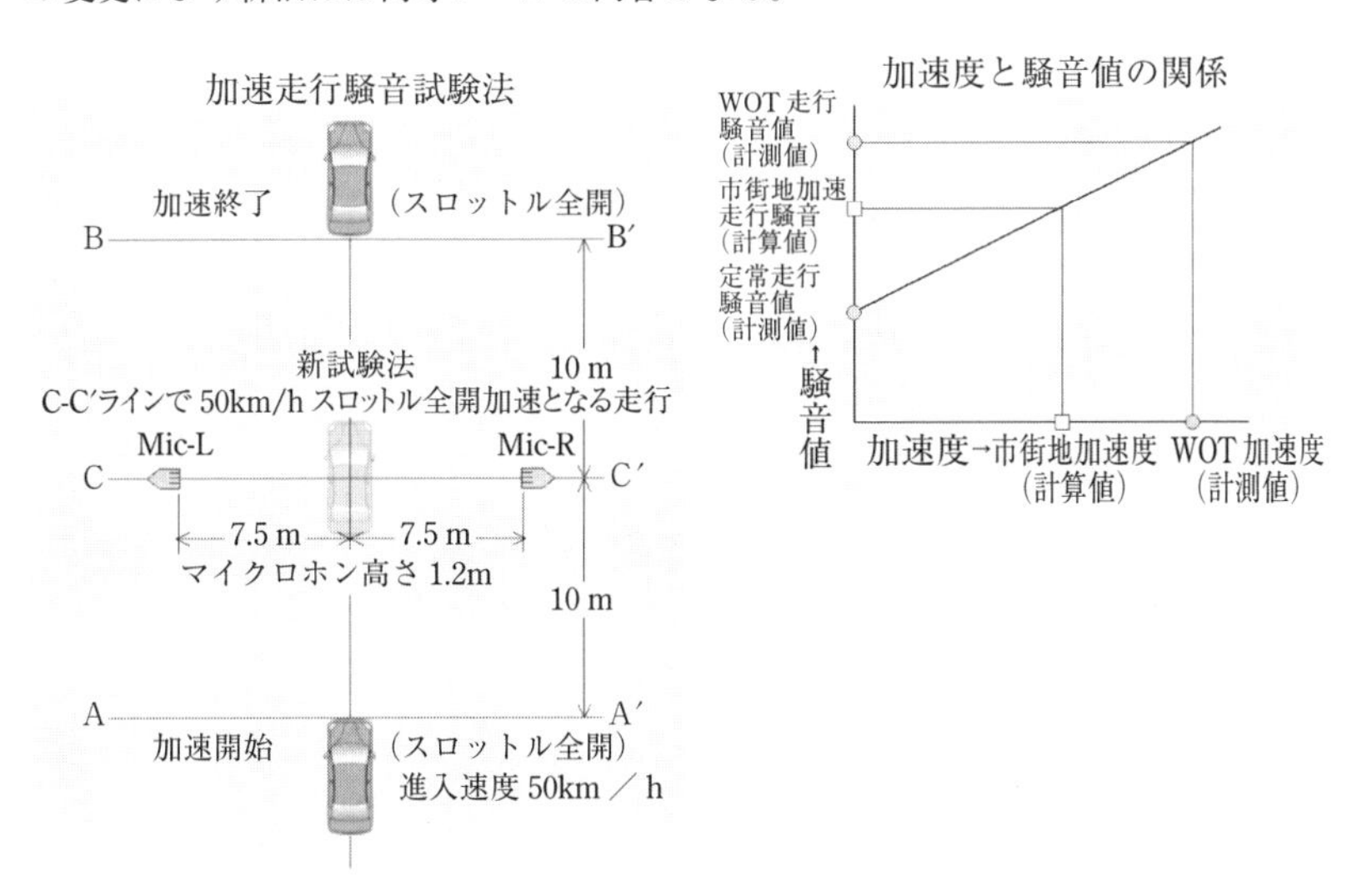

自動車騒音規則

9 ノイズからサウンドへ

モータースポーツサウンド

究極のくるまの音は、何といってもモータースポーツです。サーキットの中では、モータースポーツの迫力、熱気、興奮が渦巻き、この立役者がまさにサウンドです。街中では騒音以外の何物でもない、自動車の音ですが、サーキットではマシンが奏でるサウンドとなり、それは命を掛けたレーサーの心の叫びにも聞こえます。サーキットでは騒音規制は存在しません。と、いいたかったところですが、まじめな日本人はフォーミュラ日本（当時のＦ三〇〇〇）に、ノイズレギュレーション（レギュレーション：レース参加規定）を設定してしまいました。

早速、当時チャンピオンのワークスチームが、吸音タイプのサイレンサーに挑戦し、実機試験を行った結果、出力損失もなく、ノイズレギュレーションをクリアすることが出来ました。

規制値に対し少し余裕があったため、小型化の提案にも、「チャンピオンはみっともないことはできない」と却下。軽量にしのぎを削るレース界で意外な答えでしたが、素人の心配をよそに結果は見事優勝。レース直後の騒音試験一発クリアも、他と比べ一際目立つ大きいサイレンサーに、音響技術者として複雑な思いを抱きつつ、音のボリュームを下げて観戦したような静かなフォーミュラ日本の、早急なるレギュレーション改正を願う次第でした。

話がそれてしまいましたが、モータースポーツといえば、F1を頂点にフランスのルマン耐久レースや北米を中心に開催されるインディカーレースが、いわゆる世界三大レースといわれています。一九五〇年に誕生したF1ですが、日本では一九七六年に始めて開催され、その後中断し一九八七年復活。日本メーカーの参戦や日本人ドライバーの活躍とあいまって、F1人気はうなぎ登りとなり、鈴鹿サーキットは毎年大盛況でした。ちょうどそのころ、生産車両の抜取り騒音試験が、鈴鹿サーキットのスキッドパッド（自動車試験用広場）において実施され、それに参加していました。そのスキッドパッドは、スプーンと呼ばれているサーキット随一の高速コーナーの、中心スペースを利用して設置されています。当日F1マシンのテスト走行がサーキットで実施されており、F1の走行が始まると騒音試験を中断し、コース脇に設置されている監視塔に登り、F1マシンの迫力ある走りを間近で眺めていました。遠くからかすかに聞こえてくるマシンの音は、ドップラー効果を伴って接近し、爆音となって目の前を一瞬に走り去って行きます。そうしては音は遠ざかり、一時の静寂が訪れたかと思うと、またかすかに音が聞こえてくるので

SUZUKA CIRCUIT

す。しかしある時、どういうわけかそのかすかな音が聞こえているのに、一向に近づいて来ないのです。何か狐につままれたような心境でいると、目の前を飛んでいる蚊に唖然としました。実はこの時F1マシンはテストランを終了し、ピットインしたわけですが、たまたま蚊が飛んできて、F1サウンドがモスキートサウンドに入れ替ったのです。自分の耳を疑うべきか？信じるべきか？

F1レースがモータースポーツの最高峰ならば、サウンドの最高峰はドラッグレースでしょう。日本でも開催されているものの人気は今一つですので、ここでは本場アメリカのドラッグレースのサウンドを紹介します。

ドラッグレースのルールはきわめて簡単です。二台のレースカーが四〇〇メートルの直接コースを、ヨーイドンで走るスプリ

＊モスキート（mosquito）は「蚊」という意味だけど、一般的に知られているモスキート音とは一七kHz（一七〇〇〇Hz）付近の高周波音のことで、セキュリティーシステムに利用されているの。人は年を取るに従い高い周波数の音を聞き取りにくくなるので、この音は若者にしか聞こえないため、深夜の商業施設や公園などで、たむろする若者の非行を防止するのに一役買っているそうよ。蚊の羽音のようなキーンという不快な音なのでこう呼ばれるのね。でも実際の「プーン」という蚊の羽音の周波数は五〇〇Hz付近のため、F1のV10エンジンは、六〇〇〇rpmの爆発一次が五〇〇Hzでぴったり一致するのよね！

ント競技です。いわゆるゼロヨンレースですね。市販車から五〇〇〇馬力をこえるトップフューエルと呼ばれる大排気量車まで、カテゴリーごとのトーナメントレースとなります。スタートからゴールまで四秒台で駆け抜け、そのときの最高速は五〇〇km／hをこえるため、ゴール後はパラシュートで減速します。インディカーレースもしかり、この単純明解なところがアメリカ人が愛して止まない理由の一つであることは、間違いないでしょう。

レースは終末の朝から夕方までの開催となり、午前中は前座が行われ、その後メインイベントへと入って行くのですが、この演出が実に素晴らしく感動的です。スタイリングのかっこ良さ、スピード、エンジンの爆音・・・前座レースもなかなかの迫力があり、「これが本場のドラッグレースか！」それに十分満足してムードに酔いしれていると、突然会場にアナウンスが流れ、上空を飛ぶセスナに注目したそのとき、一人のスカイダイバーが空中に飛び出します。パラシュートが開いた次の瞬間、ダイバーにより星条旗が広げられ、同時に会場では国歌の演奏が始まります。星条旗は演奏に合せ紺碧の空をゆっくりと旋回しながら、地上に向かって降下してゆき、そしてついにその瞬間がやって来るのです。演奏にぴったりとシンクロした星条旗は、国歌演奏終了と同時に地上にタッチダウン。それがトップフューエル、エンジン始動の合図です。会場に鳴り響く爆音、ナイトロメタン（ニトロ燃料）の白煙、会場は歓喜の渦です。興奮はまだ続きます。

ドラッグレースがサウンドの最高峰といわれる所以は、レース本番ではなくス

タート直前のウォーミングアップにあります。タイヤの温度を上げ、さらには路面にラバーを焼き付けてグリップを高めるため、全開出力でタイヤをスピンさせてスキッド発進します。この時のエンジンの爆音、タイヤの摩擦音は衝撃波となって身体の中を突き抜けて行きます。風もないのにシャツがゆれます。さらにナイトロメタンの白煙と、焼けたラバーの匂い。よくみるとタイヤから飛散した浮遊物が漂い、まるで映画のスローモーションのワンシーンのようです。さっきまで凄いと思っていた前座のレースは、一体なんだったんでしょうか。ウォーミングアップを終えたレースカーは、バックでスタートラインにゆっくり戻り、いよいよ本番スタートですが、後はひたすら速く走って四秒後にゴールし、パラシュートを開き終了です。何ともアメリカンです。

ドラッグレースでは、最高峰のトップフューエルは、五〇〇〇馬力から何と一〇〇〇〇馬力ものエンジンを搭載していますが、この限りない馬力競争は、ジェットエンジンに行き着いたようです。一方F1では時代とともにレギュレーションが更新され、現在のエンジン出力は一〇〇〇馬力に満たないわけですが、これは燃費規制に依るもので、地球温暖化はF1にまで影響しています。というよりはむしろ、F1が率先して取り組むべき課題として、レギュレーションに取り込んでいるのです。それでもF1のトップスピードは、コーナリングもあるサーキットでさえ、三五〇km／hにも達するのです。

モータースポーツのハイブリッド化はF1に留まらず、ル・マンでも主流となっており、総合優勝はハイブリッド車で競われます。このトレンドの行き着く先は、電気自動車かと思っていた矢先、国際自動車連盟（ＦＩＡ）はフォーミュラＥを二〇一四年にデビューさせました。

この化石燃料を使用しないＥＶによるフォーミュラカーレースは、排ガスや騒音がなく環境に優しいことから、サーキットではなく、公道開催を開催規定に謳っています。世界有数の大都市で開催され、Ｆ１の公道レースでお馴染みのモナコグランプリは、フォーミュラＥも開催されます。レース方式は約二kmの市街地コースにて、六〇分間走行で競いますが、バッテリー容量が六〇分間の高速走行には不足となり、途中でガス欠ならぬ電欠となってしまうため、給油ならともかく給電するわけにもゆかず、二台のマシンを乗り換えて行われます。せっかくのハイテクレースに水を差すような少々情けない状況ですが、将来的には、コースに設置された給電レーンを走行しながらのワイヤレス充電（ダイナミックチャージング）導入を、目指しているとのこと。ところが近年のバッテリー進化は目覚しく、来シーズン導入のニューマシンからは、この煩わしい乗り換えがなくなるという嬉しい情報もあります。

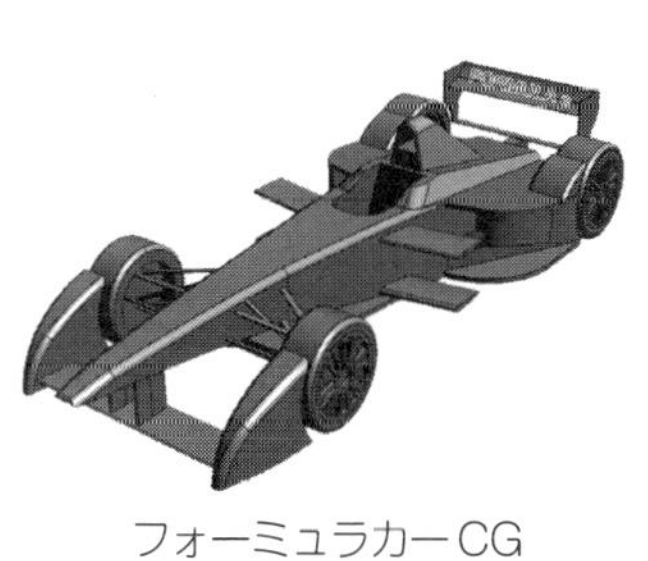
フォーミュラカーCG

さてこのＥＶマシンは確かに静かですが、タイヤノイズと空力ノイズは従来同様で、エンジン音がなくなり、代りに今までマスキングされていたギヤ音が、エンジン音に

最新のＦ１には、ＭＧＵ（Motor Generator Unit）という凄い電動アシストシステムを搭載しているんだ。いわゆるハイブリッドシステムだけど、ＭＧＵ-Ｈはターボチャージャーの回転で発電し、ＥＳ（Energy Storage）に蓄電し、加速時にはそのモーターを作動させ、吸気コンプレッサーの回転をアシストすることで、ターボチャージャーの弱点である加速タイムラグを解消することができるんだ。ＭＧＵ-Ｋは、駆動軸からの減速回生エネルギーで発電しそれをＥＳに蓄電して、加速時にはそのモーターを作動させ、直接駆動軸から加速をアシストするんだって。

代ってフォーミュラEサウンドを演出しています。この「ヒューン」というギヤ音を未来サウンドと感じるか、ラジコンカーの音と思うか、は人それぞれでしょうが、主催者サイドは、何とかこの静かなるフォーミュラEを盛り上げようと、大音響でDJを流してはいるものの、そのことでは賛否両論あり、行き着いた先が、前座でロボレース（人口知能の自動運転による電気自動車レース）を開催することに決ったようです。学生ロボコンから始まったロボット競技大会も、今や国際大会へと躍進しているさなか、わからないではありませんが、本題のフォーミュラEのDJはどうなるのでしょうか。

この疑問を、モナコ在住の欧州モータースポーツ会重鎮である知人にぶつけてみました。すると、このような答えが返ってきました。彼曰く、フォーミュラEはギヤ音をアップさせて、よりエキサイティングなサウンドをクリエイトしようとしているそうです。フォーミュラEのマシンには四速ギヤボックスが出来なり（出来なりとは、製品に修正や仕上げを施さない状態をいう。）で装着されていますが、エンジン音にマスキングされていたギヤ音は、現状でもある程度の音圧は発生しているため、上手く共鳴させて音量を上げることは十分可能ではあります。ただマシンからスピーカーで音を出すようなことだけは、やってほしくないことを、その知人には伝えました。

しかし排気ガスもなく、音もなく、ドライバーもいないクリーンで安全な究極のレース、といっても過言ではないロボレース、昭和世代がついて行けるのは、せい

	パワープラント	パワー (bhp)	ウエイト (kg)	0-100km/h (sec)	Vmax (km/h)	サウンド dB(A)	コース 距離　制限時間
フォーミュラ1	1.6 LV 6 ターボ +120 kW	760	700	2.5	350	120	サーキット 305 km<120 min
フォーミュラe	200 kW モーター	270	800	3.0	225	80	市街地 60 min(2.4 km／周)

フォーミュラレース参考値比較

ぜいフォーミュラEまででしょう。

エンジンからモーターへ

■電気自動車の歴史と今

自動車年表によると、電気自動車はガソリン自動車よりも五年前に登場していたという驚きの事実があります。二〇世紀にはいると、ガソリン自動車の大量生産による、モータリゼーションの波が押し寄せ、トロリーバスやフォークリフト、カートなどの限定域走行車を除いた電気自動車は消滅してしまいます。その後石油ショックや排ガス大気汚染とともに、電気自動車のニーズが高まり、開発がスタートしますが、鉛蓄電池の性能確保が壁となり、石油資源の見通し改善や排ガス浄化性能向上とともに、電気自動車の開発はふたたび頓挫してしまいます。

しかしカリフォルニアのZEV規制が引き金となり、電気自動車にふたたび火が着き、各自動車会社は電気自動車のリース販売を開始します。自動車大国アメリカは保有台数も世界一で、自動車の排ガスがもたらす大気汚染に厳しい規制を施行して来ていますが、車の集中する大都会の大気保全のため、カリフォルニア州では排ガスの出ないゼロエミッション車の販売を、自動車メーカーに義務付けたのがこの法律、ZEV規制です。ゼロエミッション車の販売台数に比例して、全車両の販売

1800　1850　1900　1950　2000　2050(年)

18～19世紀
産業革命

1835
電気機関車

1886電気自動車
1891ガソリン自動車
1900インホイールモーター車
トロリーバス

1970～
石油ショック
1950
Formula 1

1990～1995
ZEV規制
EV−1
EV−PLUS
RAV4EV
1997PRIVS
INSIGHT

COP1
1997COP3
2014
Formula e
I−MiEV
LEAF
MIRAI
CLARITY

2040～
英仏ガソリン/
ディーゼル車
販売禁止

1800
ボルタ電池
1859
鉛蓄電池
1885-8
乾電池
1947
アルカリ乾電池
1980～ニッケル水素電池
1990～リチウムイオン電池

電気自動車年表

台数が各社ごとに割り振られるため、自動車会社にとって、トップマーケットにおけるこの規制は死活問題です。この時、世の中はすでに地球温暖化防止に向けて動きだしており、ZEV規制はそれを暗示した烽火となったわけです。

国際的には、気候変動枠組条約におけるCOP(Conference of the Parties)締約国会議により、温室効果ガスの削減目標を定める「京都議定書」がCOP3で採択され、満を持して世界初の量産ハイブリッド車が一九九七年に日本から発売されました。その追い風に乗り、最大技術課題であったバッテリー性能もエネルギー密度が大きく向上し、さまざまなタイプのハイブリッド車や電気自動車が開発され、今日に至っています。

■電気自動車の分類

電気自動車はシステムごとにいくつかに分類することが出来ますが、電気だけで走るBEVと、ガソリンと電気の両方で走るHEVと、水素から電気を取り出して走るFCVの三つに大きくわかれます。エネルギー変換効率は、ガソリン約三〇%ディーゼル約

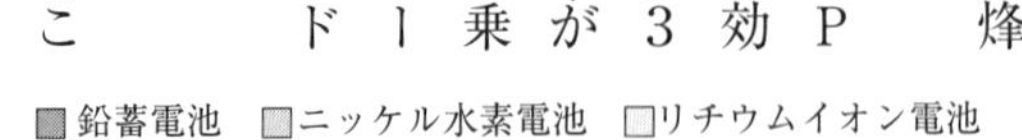

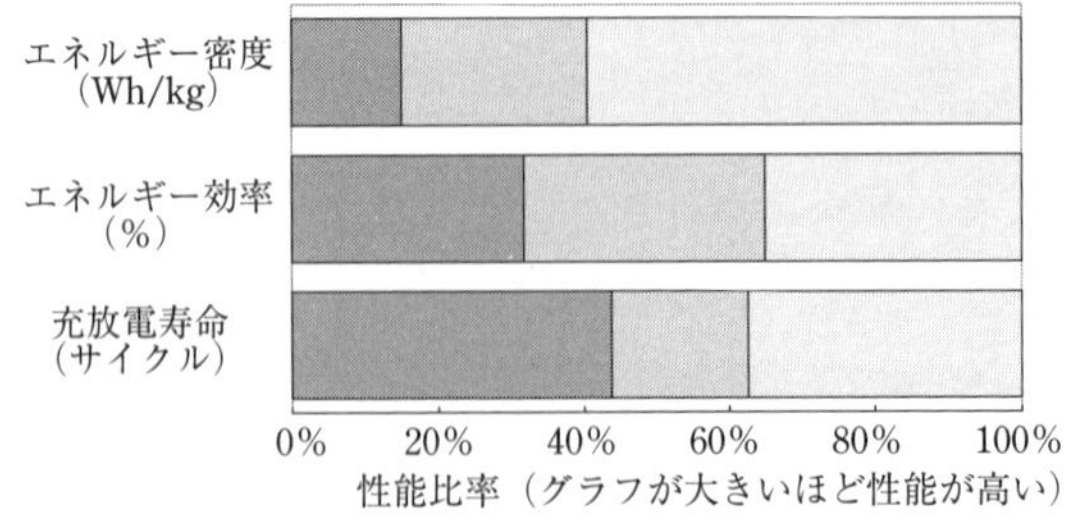

※公表データに乖離があるため、それらを独自平均化して、各特性を相対的に表示している。

バッテリー性能比較

ZEV Zero Emission Vehicle	モーター走行だけの排ガスゼロ自動車	BEV Battery Electric Vehicle	充電して電気だけでモーター走行するいわゆる電気自動車
		FCV Fuel Cell Vehicle	水素充填にて水素と酸素の化学反応で発電しモーター走行する燃料電池自動車
HEV Hybrid Electric Vehicle	エンジンとモーター走行のハイブリッド自動車	S-HEV Series Hybrid Electric Vehicle	ガソリン給油にてエンジンで発電しモーターだけで走行するシリーズハイブリッド車
		P-HEV Parallel Hybrid Electric Vehicle	ガソリン給油にてエンジンとモーター両方で走行するパラレルハイブリッド車
		PHEV Plug-in Hybrid Electric Vehicle	プラグインハイブリッド車は充電も可能

電気自動車の分類

四〇%、モーター約八〇%となっており、CO_2や燃費だけで判断すると、圧倒的に電気自動車が有利ですが、電気自動車には現時点でまだ技術課題があり、一番は価格が高いということです。そのネックとなっているのがレアメタルです。モーターにはネオジウム、バッテリーにはニッケルやリチウム、FCVの燃料電池本体にはなんと白金が使われており、これはまさに走る宝石箱です。

次の課題はインフラ、つまり充電や水素ステーションです。ガソリンスタンドは今や共倒れするほど乱立していますが、充電ステーションはサービスエリアや一部のコンビニにようやく設置された程度、水素ステーションに至っては主要都市に数軒だけで、先の長い話です。しかしながら、これらの課題はある程度時間が解決してくれるかもしれませんが、電力の供給にいつまで

	CO_2	燃費	価格	航続距離	チャージ時間	インフラ	燃料供給課題
ガソリン車	×	×	○	○	○	○	化石燃料の枯渇
BEV	○	○	△	×	△	△	火力発電の CO_2
HEV	△	△	△	○	○	○	化石燃料の枯渇
FCV	○	△	×	△	○	×	水素製造時の CO_2

注釈：○＝優れる　△＝普通　×＝劣る　(著者の主観評価)

ガソリン車と電気自動車の特性比較

も火力発電が使われたり、水素を製造するのに電気や動力を使ってCO_2を発生しているのでは本末転倒。ＢＥＶにしてもＦＣＶにしても、いずれにしても自動車の進む方向は、原発問題を抱えた電力エネルギーが切り開く道を走ることになるのです。

これらの特性比較をすると、それぞれ一長一短はありますが、今や日本では乗用車保有台数の約一〇％がＨＥＶとなっており、現時点ではやはりＨＥＶが主役となって行くことが伺えます。これにＥＶが追従し、ＦＣＶは次世代の車、まさにミライですね。

Dr.Ｎｏｉｓｅの解説――電気とCO_2

電力源は石炭・天然ガス・石油などの化石燃料と、水力・風力・太陽光などの再生可能エネルギーと、原子力の大きく三つに分類されるが、CO_2を発生する化石燃料による発電が、今現在全体の三分の二を占めておる。これを何とかしない限りＥＶ化による温室効果ガス削減につながってゆかないんじゃ。そのため火力発電により発生したCO_2を回収し、地中深くに封じ込めるCO_2回収貯蔵技術（ＣＣＳ　Carbon Capture & Storage）の研究開発が進められているそうじゃ。実現を期待したいのう。

■電気自動車の音

自宅にある多くの家電にはモーターが使われています。換気扇、ドライヤー、扇風機、掃除機などでは、送風するためにファンを回転させています。冷蔵庫やエアコン室外機ではコンプレッサーやファンを回転させています。洗濯機では洗濯槽（ドラム）を回転させています。これらの家電からはある程度の騒音が発生し、ものによってはうるさく感じるレベルの騒音が出るものもありますが、これらはすべて、ファン騒音であったり、コンプレッサーやドラムのNVであり、モーター音ではありません。

電気自動車の音を端的に表現すると、従来の自動車の音から、エンジンに起因する音を抹消した状況となり、くるまの音の世界は大きく変ります。車に乗り込みキーを挿して回し、スターターモーターが回りエンジンがかかります。スターターモーターが回る時に、比較的大きな音がしますが、これは先ほどいったように、モーターの音ではなく、エンジンをクランキングするためのスターターギヤ音です。アイドルNVを感じながら、ドライブレンジにレバーをシフトし、アクセルペダルを踏んで走り出すと、エンジン音とともに排気音が聞こえて、さらに加速してゆくと吸気音が聞こえ、スピードが上がるにつれて、ロードノイズとウインドノイズが加わってくるのが、今までのガソリン車の常識でした。

これがHEVになると、スマートキーで車に乗り込み、スタートボタンを押し、スイッチをドライブモードにして、アクセルペダルを踏むと音もなく走り出し、スピードが上がるにつれて、静寂からロードノイズとウインドノイズが徐々に聞こえて、さらに加速すると、いつの間にかエンジンがかかりクルージング走行となります。モーターは低回転でもトルクが高くトランスミッションが不要のため、変速ショックもなく静かでスムーズでトルクフルなドライビングはまるで別世界です。

世界初の量産HEVはパラレルハイブリッドのため、まさにこの別世界を体験できる異次元の自動車として、世界ナンバーワンの圧倒的燃費を掲げ、日本で誕生しました。続いて登場したのがIMA（Integrated Motor Assist）というモーター補助でエンジン走行するHEVです。これもパラレルハイブリッドに分類されますが、モーター走行はしないため、運転感覚は普通のガソリン車となんら変りません。その車を購入した人に「どうですかIMAの乗り味は?」と聞くと、「普通の車と変りなく、違和感がなくていいですよ!」といっていました。流石、セールスマンはうまいことといいますね。

■車両接近通報装置

日本では今や、町中どこそこでHEVに遭遇するほど普及して来ましたが、静か過ぎる故に、歩行者が車に気がつかず危険であるとして、かねてより研究機関で検討が進められて来ました。これを基に国はHEVの*車両接近通報装置を基準化し、世界に先立って新型車両への義務付けを行いました。

ではどのような音が望ましいのでしょうか?

従来と同じ状況を再現するのであれば、エンジン音になるわけですが、EVがエンジン音を出して走るのもおかしな話です。となればエンジンがモーターに代ったことで静かになって通報音を出すわけですから、モーターの音を聞こえるようにす

*車両接近通報装置は、EVやHEVなどの静音車両が二〇km/h以下で走行中、車両に取り付けたスピーカーから人工音を発し、車両の接近を歩行者に認知させるというものよ。発生する音には周波数と音圧レベルの範囲が規定されていて、それに沿って自動車メーカーが独自に人工音を作り出すため、各社特有のサウンドが街中で聞こえてくるのよ。

ることが、必然的となります。モーター音は静音ですが、その音を人工的に作りスピーカーで音量を上げて出すことになります。メーカーサイドは既販のＥＶやＨＥＶには、先行して車両接近通報装置を装備させており、すでに多くの人がこの車両接近通報音と遭遇しているはずです。

隣人がかなり以前からＨＥＶに乗っており、駐車場の出し入れはモーター走行のため、たいへん静かに行われるのですが、モーターかインバーターの磁励音のような（初期型のＨＥＶにはなかったはずの）音がするので、少し気になっていました。何とこれがこの車両接近通報音で、スピーカーら流れる人工音とは最近までまったく気がつきませんでした。脱帽です。

ＦＣＶはリース販売から最近市販に踏み切ったばかりですが、その完成度は非常に高く、既存市販車に勝るとも劣らない性能となっています。最大課題の一つである価格そのものは、まだ個人消費レベルではないものの、国や県の減税や補助金で手の届くところまでになってきていますが、水素ステーションの設置は追いついてはいません。で、そのＦＣＶの音や如何に。

ＦＣＶはＶＥＢと同様にエンジンは搭載していないため、モーター走行でたいへん静かであるのはいうまでもありませんが、強く加速すると「ウイーン」という音がして、減速時には「ヒューン」という音がします。加速の音はモーター音で減速の音はブレーキ回生の音であり、この音は消音しないであえて聞こえるようにして次世代カーの音を表現している、と説明を受けました。たしかにその音は音圧こそあまり変化はしませんが、加速時は周波数がアップし、減速時はダウンするため、人の感性にあった軽快な雰囲気を演出しています。しかしこの音はモーター音ではなく、加速側は燃料電池に高圧空気を供給するコンプレッサーの吸気音で、減速側はモーターの減速ギヤのギヤ音ではないかと憶測します。自動車本来のダイナミック性能は、モーター特有のトルクフルな走りと、バッテリーと水素タンクのバランス良いレイアウトから、ニュートラルで安定したハンドリングが、高いポテンシャルを感じさせます。

ＥＶやＦＣＶが次世代カーになることは間違いないでしょう！しかし、乗って楽しいか？　と問われると・・・・香りのしない美味しいカレーを食べるような、新感覚とでも申しましょう。地球温暖化に楽しくないとか、香りがしないなどといっていられないわけですから、エコはガマンということになってしまうのでしょうか。この新感覚に期待したいと思います。ところでこのＦＣＶの加減速の軽快な音は、まさかオーディオから聞こえていたのではないでしょうね。

おわりに

我が家の近くを通るＪＲ那須烏山線は存続の危機を乗りこえ、二〇一四年にディーゼルから電化が計られました。しかし電化には架線工事、つまりインフラが必要となり、そのインフラ整備には時間とお金がかかるため、赤字路線はますます危機に追い込まれてしまいます。

環境に良くないディーゼルに代り、インフラの必要な電車に代り、そこに登場したのがアキュム（ACCUMULATOR の略）と命名されたバッテリー電車です。自動車で言うＢＥＶ（Battery　ＥＶ）に相当します。

烏山線には架線はないのですが、アキュムにはパンタグラフが装着されており、東北線を宇都宮から二駅区間走行するため、その間に走行しながら充電し、その後はパンタグラフを下げて、バッテリーで烏山を往復して宇都宮に戻ってくるのです。今はまだワンマン運転ですが、やがて自動運転となり、廃線の危機から完全脱却も夢ではありません。

列車も蒸気機関車、ディーゼル機関車、電気機関車と変遷があり、自動車もこれに追従しているのは間違いありません。

課題であったバッテリー技術も、リチウムイオン電池が開発され見通しが立ち、残るはインフラだけで、これも乱立するガソリンスタンドが廃業に追い込まれる一方で、ＥＶステーションや水素ステーションは着実に増設されています。

ワイヤレス充電がまだ困難でも、自動車にパンタグラフのような装置を取り付ければ、走行しながらの充電も可能です。

ながら充電が可能となれば、小さなバッテリーでもＥＶの弱点である航続距離問題が解消し、長距離トラックもＥＶ化が可能となり、さらに自動運転で、ドライバーの負荷も交通事故も解消するでしょう。

時代が奏でる私たちの暮らしの音は、今大きく変わろうとしています。去っていったＳＬの音、去ってゆく自動車の音、やがてやって来る未来の音。

静かでクリーン、安全安心便利なＺＥＶ（Zero Emission Vehicle）時代は、直ぐ目の前に来ています。

サウンドデザインによる新感覚の「くるまの音」に期待しましょう。

筆を擱くに当たりまして、本書の写真や図版などの資料掲載にご協力いただいた、株式会社本田技研工業、並びに、株式会社本田技術研究所に対し、この場を借りてお礼申し上げます。

Dr.Noise の『読む』音の本
くるまの音　　定価はカバーに表示してあります.

2018 年 9 月 20 日　1 版 1 刷　発行　　ISBN978-4-7655-3472-7 C1036

編　者　公益社団法人日本騒音制御工学会
著　者　瀧　口　士　郎
発行者　長　滋　彦
発行所　技報堂出版株式会社

〒101-0051 東京都千代田区神田神保町 1-2-5
電　話　営業　(03) (5217) 0885
編集　(03) (5217) 0881
FAX　(03) (5217) 0886
振替口座　00140-4-10
http://gihodobooks.jp/

日本書籍出版協会会員
自然科学書協会会員
土木・建築書協会会員
Printed in Japan

キャラクターデザイン　武田 真樹
装幀　冨澤崇／印刷・製本　昭和情報プロセス